親手打造

庭園露台&木棧平臺

庭園佈置設計實例36

瑞昇文化

卷頭特集 享受戶外起居室的光和風

實例 Part 1 能悠閒度日的室內感覺庭院

實例
Part 2

由衷舒暢起來的美麗綠色露台&甲板

實例
Part 3
夢寐以求的西洋鄉居休閒生活

實例
Part 4
含有和風意境的風情庭院

實例
Part 5
設置在陽台、樓台、屋頂上的戶外起居室

享受戶外起居室的光和風

在過去的停車場隨意鋪設石材，重新規劃成露台。非常喜愛花卉的根本女士，就把這個露台當作盆栽花園來活用。她說：「近距離賞花固然有趣，但從室內透過窗戶眺望花，更別有一番意境！」

近數年來，把室外空間當作起居室使用的戶外起居室備受矚目。

戶外起居室最大的魅力，是可在戶外享受室內的氣氛。

或邊感受太陽的光和風邊喝茶或讀書，或在點燈的空間享受晚餐，或在園藝工作的空檔躲避日曬休憩片刻等等，隨著季節或時間，能選擇多樣的用法。

而且可配合居住環境或生活模式，選擇各種形態，這也是戶外起居室的另一個魅力。

例如連接住屋與建來彌補室內的狹小。離開住屋獨立興建在庭院一角，來擁有隱居屋般的趣味空間。培育花草來省掉拔雜草的麻煩。設置烹調設備當作餐廳廚房活用等，均可配合自己的目的施工。

像這般「打造生活的另一個空間」在家享受戶外生活的樂趣，是不是很令人心動呢？

拆除茂密成長的圓柏樹籬，改用不會遮蔽陽光的格子架來掩飾甲板。結果從野茉莉、四照花、木梨、橄欖等擁有美麗綠葉的庭木縫隙間，可看到溫柔的陽光身影穿梭而入。

從構想擴大室內面積而朝庭院延伸長5m、寬1.3m的日光室，除了地板鋪大理石來營造清涼感外，另在天窗設置遮陽篷來防範日曬，所以即使夏天也很舒適。

把心愛的花草裝飾在甲板周圍。邊眺望著各種花草邊吃早餐或喝茶，是最幸福的時光。這個可從庭院直接進出的「社交場所」，也方便邀請朋友在此快樂話家常。

室外起居室
適合搭配
天然素材的用品

在以石頭、木材等天然素材建造的戶外起居室，配置自然風的雜貨，顯得相當契合。每件雜貨都是根本女士親手製作的。從這些小地方，即可看出屋主對這戶外起居室的精心佈置。

在通草藤蔓製作的吊籃裡，擺放楓樹花缽，當作牆壁的裝飾焦點。這株枝椏下垂的罕見種楓樹，備受根本女士的珍愛，故也非常細心地培育。

日本女真的樹墩上有一間用樹枝製作，模樣像鳥巢般的小屋。如此純樸風趣，醞釀出樹林別墅般的氣氛。

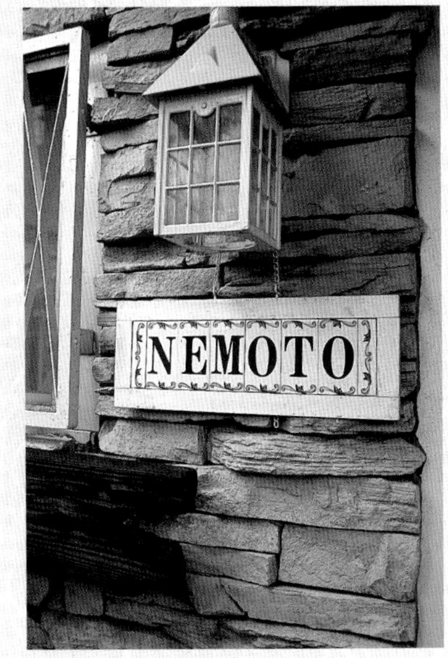

配合用石材隨意鋪設的住宅外牆，門燈也更換成古典款式。另外用磁磚組合的門牌，是根本女士親手製作的。

在此介紹的根本女士，當把停車場改建成露台時，玄關側邊的空間也一樣隨意鋪設石材。同時，為了避免行人清楚窺視家裡的庭院，所以設置有圓拱型出入口和門燈的牆壁來掩蔽視線。

確保隱私是戶外起居室不可或缺的條件，但若使用混凝土牆等團團圍住，那麼好不容易營造的戶外生活樂趣也會減半。

所以採用有益眼睛的綠色樹籬，以及不會遮蔽光線但有遮掩視線功能的格子架，既可確保隱私，也可演出開放空間的氣氛。

停車場的玄關旁空地，在不停車的白天，被當作盆栽花園來活用。
根本女士說：「路過的行人喜歡欣賞，我也很高興！」

除了設置在玄關旁邊的牆壁外，栽植在庭院裡的樹木、花草也都具有遮掩視線的功能。庭木的綠葉濃濃淡淡形成美麗的層次，巧妙地遮掩了路上行人的視線。春天綻開著各色各樣的花朵，也是美麗的掩飾工具。

圓拱型門扉的寬度很窄，所以不必擔心路上行人的視線。但朋友們卻能從這個拱門直接進出庭院，和從玄關被邀請進來的感覺大不相同，這種開放的氣氛正是戶外起居室的一大魅力。

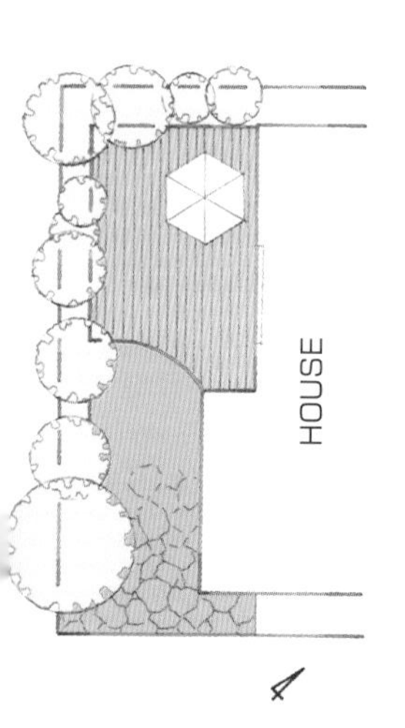

DATA　根本TAI子女士的庭院（神奈川縣）

用地面積／165m²
甲板和露台的面積／55m²
庭院的位置／位於住宅南側的5（4）×11m部分。面對起居室餐廳。
竣工／1996年

能休閒度日的

室內感覺庭院

room feeling garden

室內氣氛的庭院

01

甲板

利用能遮掩視線的格子架圍住，提高甲板的居住性

神奈川縣　田村惠子女士的庭院

ROOM FEELING GARDEN

田村夫婦住一樓，他們女兒一家人住二樓，田村女士把這棟房子區分成兩戶居住。

由於增加一戶，所以居住空間變窄令人苦惱。於是，考慮把連接餐廳廚房的小甲板，當作第二起居室利用。然而，過去的甲板面積小，故下決心改建。

新甲板的設計和施工，首要考量的是確保隱私和便利使用，並委託相模庭苑的三井悠示先生執行。

在此完成的是以格子架（註）當作壁面的甲板。

比起枝葉不繁茂就無遮掩視線功能的樹籬，格子架較不佔場所，可以大面積使用。

三井先生充分活用用地，建造8㎡的甲板。甲板材是採用25年不腐朽的進口木材，為了方便從室內直接出入，特地把地板高度和餐廳地板等高。

田村女士說：「從內側可清楚看到外側，但從外側卻看不到內側是格子架的優點」。三井先生也說：「格子間距5～6㎝的格子架，即使團團圍住也能在不帶壓迫感下遮掩視線。而且有市售成品。」

註【格子架】trellis　指設置在庭園的「格子籬笆」或者「格子隔間牆」。格子的形態分為菱形或十字形。具有區隔庭院或包圍露台、甲板等遮掩視線的機能。也可以攀爬藤蔓植物或懸掛花缽等。

圍繞著甲板的格子架，配合餐廳的白色窗戶也塗裝成白色。把栽植在外側的通草，誘引到鏡子周圍。

甲板的大小約2×4m，為了爭取更大的使用空間，田村女士訂做小茶几和不佔場所的長凳。

同時在格子架上裝置一面大鏡子。

如此一來，從室內觀看時，可從鏡子裡觀賞到甲板上的裝潢，讓室內和甲板產生一體感，帶來寬感的視覺效果。

設置在甲板側邊的烤肉爐，田村女士說：「兼具作業台和收納櫃，使用上非常方便」。週末會和女兒夫婦以及孫子在此共享烤肉餐。

加入小茶几、長凳和大鏡子，設法排除狹窄感

為方便和女兒一家共餐，使用耐火磚建造一個大型烤肉爐。

1 茶几背後設置使用紅磚和白水泥建造的小流理台。也設置為植物澆水專用的水龍頭，所以便利性十足。

2 玄關側邊的格子架上設置門扉，所以不必經過家裡，可從玄關門廊輕鬆進出。

DATA

甲板面積／8m²
甲板位置／玄關側邊3×4m的前院部分。
　連接餐廳廚房。
設計、施工／相模庭苑
竣工／2006年6月

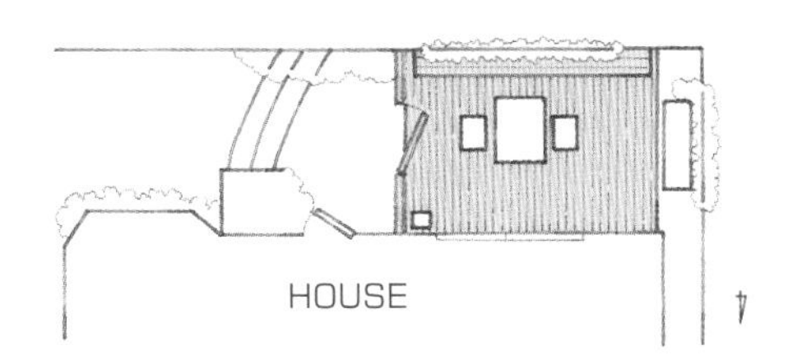

非常適合誘引到格子架的藤蔓植物

會綻開美麗花朵，華麗裝飾甲板四周的植物，值得推薦的是慢性玫瑰或鐵線蓮等。但這類植物的栽培，只限在日照良好的場所。

容易形成日陰的格子架，建議栽植定家葛。春天會開許多白色花，且飄散著芳香。

如果格子架外圍還有空間，可加入地植植物。若沒有多餘空間，則在甲板角落擺放約10號大小的盆栽，把枝椏誘引到格子架。但樹枝斜向往上誘引較容易開花。

鐵線蓮

蔓性玫瑰「angel」

定家葛

把玄關前的停車場變身為攀爬蔓性玫瑰的甲板庭院

東京都　越智SAYURI女士的庭院

ROOM FEELING GARDEN

越智女士在自宅開辦鋼琴教室。從道路觀看自宅時，玄關和停車場一目了然，故從過去以來就一直存有煞風景的感覺。

於是在玄關側邊設置小花壇，栽培喜歡的蔓性玫瑰「iceberg」，讓玄關四周變身為一大片美麗白色玫瑰的地方。感到十分興奮的越智女士，開始考慮設置一個招待場所，讓等待孩子上鋼琴課的媽媽們在此歇息。

很快地，就委託對建造蔓性玫瑰庭院評價高的奧肯帕凱特公司的加藤矢惠先生進行設計和施工，把玄關前面的停車場改建成附加遮陽篷的甲板庭院。

最大的難題是如何把門、玄關門廊、甲板全納入到停車場空間裡。在此的計畫是把木條地板製作高低差來區隔各場所。

首先在面對道路的地方裝置格子架以及和遮陽篷同色的小門扉，接著從此高一階梯的地板就屬玄關門廊。再高一階梯的地板是配置花壇的通道。從這裡再高一階梯的後面就是附帶遮陽篷的甲板。

圍繞甲板周圍的粗格子格子架，配合建物外觀塗裝成藍灰色。為此，看似和建物構成一體，完成空間狹小但卻時髦的甲板庭院。

甲板的面積狹小才約4個榻榻米，但因周圍配置長凳、桌子採用小型圓茶几，故提供4～5個人的座位還綽綽有餘。

DATA

用地面積／125m²
甲板面積／13m²
甲板位置／向南的玄關前面。原來的停車場位置。
設計、施工／奧肯帕凱特公司
竣工／1999年

1 設置在甲板前面的花壇裡綻開著毛地黃。栽植花草時，首先會考慮是否和玫瑰花搭配。
2 剪下綻開的玫瑰花裝飾在甲板或露台的桌上。當住家像被花海覆蓋般的玫瑰盛開季節，不僅鋼琴教室的學生們，連附近的居民都會前來參觀並大加讚賞。

在牆上設置藍灰色木板門的部分，變成廚房的窗戶。奉茶的進出只要經過這扇窗即可，十分便利。

這是後院的露台庭院。覆蓋著蔓性玫瑰「度羅西巴金斯」，醞釀著一股異於玄關前面的羅曼蒂克氣氛。

蔓性玫瑰「angel」競相綻開的美麗玄關前面。走上階梯是和甲板一起建造的門扉，門扉背後是圍繞著蔓性玫瑰的右圖甲板。

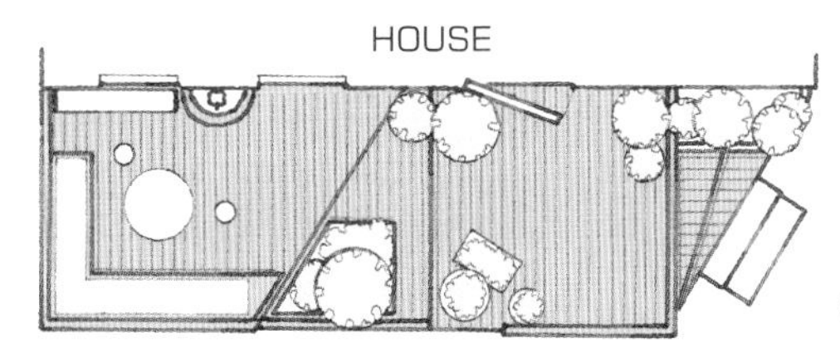

不勉強改變原本的和風庭院，建造可享受季節花草和果實的明亮露台庭院

神奈川縣　K女士的庭院

ROOM FEELING GARDEN

從2樓陽台觀看露台的全景。和室內組合一起的寬廣木條甲板，靈活展現全家一起悠閒過生活的戶外起居室機能。

K女士的家位於靠近湘南海邊的茅崎市住宅街。以前是和風庭院，但因為K女士偏愛花卉，所以在3年半前改建成現在的洋風庭院。

K女士說：「因為過去興建和風庭院的機緣，這次還是找弗卡瓦庭院設計公司商量。理由是保養草坪的工作太辛苦，同時希望建造一個能在有花的明亮戶外享受喝茶、休閒生活的庭院。」

接受委託改造設計、施工的弗卡瓦庭院設計公司的普川清先生，尊重K女士的想法，提議建造一個自在保留過去和風要素形態的庭院。

「我認為保留已故主人心愛的庭石和門冠的門楣，具有緬懷故人身影的意義，但從和風轉變成洋風的過程，令我費了一番苦心。」

沿著通道設計款式輕快的木製柵欄和塗水泥的低矮裝飾牆，來緩和過去鋪設鐵平石所呈現的沈重氣氛。

為了增加色彩，大量採用四季開花的花草類。

把栽植草坪的空間，改變成色彩明亮的鋪石露台和寬敞的木條甲板，結果庭院氣氛煥然一新。

普川先生說：「K女士的小孫子常來家裡玩。孩子喜歡玩水，聽說過去都是在草坪玩水，每次都是滿身泥濘收場。所以這次要在露台中

從起居室觀看前院的全景。甲板部分大面積地向外擴張，提高了和休憩場所的露台結合一體的效果。

組合可以儲水的戲水場。讓家人能高興地赤腳奔入水池玩耍。」

為使庭木富有變化，選用眾多樹種來栽植。

另外希望冬季的露台充滿日照，特意栽植紅葉李子、貴櫨、垂枝楓樹等落葉樹，這也都是普川先生的精心考量。

從綠意盎然的通道通過攀爬著野木瓜的拱門，瞬間看到的是寬敞的明亮露台，四處裝飾著季節性的花缽。

在和風景觀中加入新佈置的通道。沿著鋪道有白子蓮、白藍菊、風鈴草、吊鐘花、薰衣草等季節性花草做裝飾。

為小孩子設置的戲水場。周圍配置珊瑚石和貝殼，呈現海邊的印象。在這裡似乎可聽到海嘯聲！

利用暗渠排水用的網子製作「草梅樹塔」。這是普川先生從草莓盆栽獲得靈感的創意作品。

露台、甲板周圍也栽植眾多樂趣多多的果樹類

可當戶外起居室休憩的露台和甲板，為讓全家聚會時更加歡樂，普川先生也對庭院植栽煞費苦心。除了觀賞用的樹木外，也栽植眾多種類可隨著季節嚐到不同果實的果樹。

不僅有柿子、楊梅、夏蜜柑、金桔等，還在各處栽植藍莓、唐棣（juneberry）、黑莓、山櫻桃等小果樹。

那些小果樹，除了結果的模樣漂亮外，還能給予製作私家果醬或蛋糕的歡樂。第一次結果的可愛山櫻桃果實，深受小孩子的青睞。

從門扉延續到前院的通道。庭園燈前面的低矮裝飾牆，是試圖緩衝和式意境的設計。

DATA

用地面積／170m²
甲板面積／28m²
庭院位置／前院。
設計、施工／弗卡瓦庭院設計公司
竣工／2002年4月

連結主屋和別館的地中海休閒度假屋風的葡萄棚大甲板

千葉縣　河野文子女士的庭院

GARDEN OF ROOM FEELING

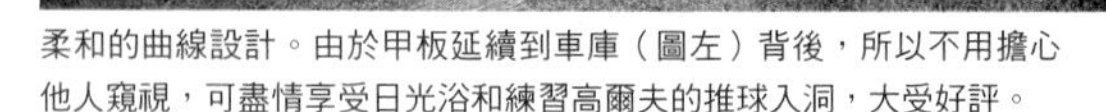

柔和的曲線設計。由於甲板延續到車庫（圖左）背後，所以不用擔心他人窺視，可盡情享受日光浴和練習高爾夫的推球入洞，大受好評。

河野女士在建造別館時，同時增列甲板的設計，面積大約是寬3m、長12m。無論是從主屋，或從別館，這個甲板都可如室內的延伸區一般進出。

河野女士說：「為了讓整天忙於工作的先生，在假日得以放鬆休息，所以設置別館當作第二棟房子。由於建造不容易，故也希望能在庭院感受到別於往日的新鮮氣息。」

接受設計、施工委託的楓庭園公司的酒井明先生提議，把別館假想成地中海休閒度假屋，牆壁塗裝明亮色調，搭配和葡萄棚構成一體化的甲板。

酒井先生說：「葡萄棚在夏天可提供綠蔭，冬天落葉後可充分獲得日照，讓甲板隨時成為舒適的休憩場地」。

河野女士說：「先生回家後，總是先到甲板癒療疲勞的身心。週日也常在這裡用餐」。

古色古香的白鐵皮噴水壺充當花器。藤蔓圖案的花台，在和家人或朋友喝茶、進餐時，也常常當作小推車來應用。

希臘製的手拉坯大型陶缽，因為裝滿了土壤所以相當笨重。河野女士是利用口徑適當的淺缽進行合植來做裝飾。

葡萄棚上栽植堪稱最高品種的歐洲葡萄「奧林匹亞」。雖然栽植上有些困難，而且遮陽目的大於收成，不過能在8月收成的果實卻格外甜美。

甲板前面有約10坪大的庭院。以栽培可可椰子為主，演出綠色主體植栽的休閒度假屋空間。瓶刷子的紅色花朵也添增幾許情趣。

DATA

用地面積／330m²
甲板面積／36m²
甲板位置／連接主屋、別館、車庫，夾著坪庭距離道路約7m內側。
設計、施工／MAPLE GARDEN（楓庭園）
竣工／2003年

葡萄棚的面積大約是3m×2.5m。由於圍繞在頂上，所以呈現猶如房間一般的穩定空間。而且讓呆板的甲板帶來視覺上的變化。

05

室內氣氛的庭院

中庭（露台＋戶外窄走廊＋小屋）

在墨西哥風的中庭
加設戶外窄走廊
和浴池的歡樂庭院

愛知縣　竹內EDDIE女士的庭院

ROOM FEELING GARDEN

和先生在墨西哥邂逅，在墨西哥結婚的竹內EDDIE女士，於1998年遷居日本，首次在日本興建住宅。

屋主說：「為了讓遠離墨西哥在日本生活的EDDIE不會感到寂寞，從室內裝潢到庭院都依她的喜好設計。」由於EDDIE女士在墨西哥是從事電視攝影棚的裝置顧問，所以由她用素描畫出庭院構想，再交由美芳苑的服部久博先生，開始興建庭院。

服部先生說：「對我而言，這是一次全新的挑戰，相當冒險！」首先以高牆圍繞庭院四周，確保隱私。由於圍牆高達3m20cm，為了減輕重量，採用氣泡水泥來組裝骨材。另外為了柔化氣氛，使用Jolly pad來塗裝牆壁。

庭院當然是採用墨西哥住宅不可或缺的中庭（patio）風造型。角落還配置不鏽鋼製的烤肉爐和紅磚製的長凳。

而且因應喜愛日本氣氛的屋主期望，除了在和室外側增設窄走廊和JACUZZI浴缸（周邊可噴水按摩的小浴池）外，還有孩子們可以遊戲的小屋。

庭院只有66㎡，並不算寬敞，但卻是一家人歡樂團聚的天堂。

註01【Jolly pad】 愛家工業出售的水泥工用塗裝材料。用抹刀、滾筒、噴霧等都能做成各種圖案和質感的牆壁。

註02【中庭】patio　原本是指西班牙住宅的中庭。用牆壁或柱廊圍住露台四方，設置噴泉、裝飾花槽等，可當作夏季乘涼、休閒場所使用。

對EDDIE女士來說，中庭（patio）是不可或缺的庭院模式。其中也設置組合JACUZZI浴缸（周邊可噴水按摩的小浴池）的戶外窄走廊等，形成提供家人歡聚的日洋合璧設計。露台中央栽種橄欖樹當作象徵樹。

設置有鯉魚的水池來豐沛情感

兼具遮掩視線的圍牆上，裝飾著彩繪盤和天使飾品，還佈置假牆，EDDIE女士以室內裝潢的手法在庭院演出快樂氣氛。

但屋主認為「即使如此，仍嫌意境不足」，所以又在露台和草坪間加設小水池。

由EDDIE女士自行規劃，使用英國克茲爾特才能開採到的稱為「蜂蜜石」的蜂蜜色石頭來做緣邊。在池中放養鯉魚的EDDIE女士說：「這樣才算完美！」對池塘能為乾枯感的露台帶來滋潤感到十分滿意。

長凳的背面鑲嵌彩繪磁磚。這是孩子6歲時的繪畫作品。

露台上隨意鋪貼進口石材的亂形石，圓形的馬賽克圖案是裝飾重點。又因地面若鋪滿亂形石會有單調感，所以在邊端加鋪小石頭來做變化。

屋主希望擁有以檜木做的戶外窄走廊和JACUZZI浴缸（周邊可噴水按摩的小浴池）。又把屋簷長長伸出避免下雨林濕。竹內先生說：「在JACUZZI浴缸享受泡溫泉的氣氛相當舒服，能赤腳走在檜木的感覺也一級棒」，充滿日本情感。

小屋的面積大約1個半的榻榻米。樑故意裸露的傾斜天花板、歡樂造型的小窗、發出柔和光線的間接照明等，讓狹小的空間充滿溫馨氣氛。EDDIE女士說：「我非常喜歡玩偶，能擁有這樣的小屋，是我孩童時代的夢想。」

融合日本和墨西哥兩國文化的「故事王國」

屋主說：「雖然庭院中的每個配件都十分執著，但整體上卻是有趣的。」庭院不算大只是小巧尺寸，但卻是個融合日本、墨西哥兩國文化的不可思議空間，每個小設備都絕妙地調和。屋主說：「好像進入遊樂園一般，令人興起一股歡樂氣氛。」

非常喜歡這個庭院的EDDIE女士最中意的是為孩子興建的小屋。內側塗淡藍色，鋪設軟墊的小屋內，雖窄小卻溫馨滿點。孩子喜歡在小屋內睡午覺。

從米老鼠造形的窗子眺望庭院，庭院真的像仙境一般美麗。

ROOM FEELING GARDEN

DATA

用地面積／250m²
庭院面積／66m²
庭院位置／後院。
設計、施工／美芳苑
竣工／2005年

在庭院角落設置孩子遊戲的小屋。小屋的造型設計由EDDIE女士負責。屋頂使用西班牙瓦，窗上裝飾孩子喜愛無比的吉祥物。

從小屋的窗戶眺望庭院。窗戶是使用藍色彩繪玻璃和切成圓形的水晶玻璃製品。

位於長凳旁邊的老舊門扉，是為了營造庭院縱深所設計的。使用糙葉樹的板材和石材，打造這個打不開的真門扉。

圍牆上使用西班牙瓦製作屋簷來遮雨。又裝飾木框的彩繪盤和墨西哥藝品等，演出室內的感覺。

竹內先生的住宅外觀。圍著白色欄杆的樓台、白色外推的窗框和橙紅色的外牆，都呈現著異國情趣。

通往玄關的階梯通道。是由花壇上的美麗花草和EDDIE女士喜歡的天使來迎接客人。

貫穿中庭的邊道上，設置磚造暖爐和裝飾牆。這裡也是EDDIE女士陳列天使等收藏品的展市區。

室內氣氛的庭院

06

露台＋甲板

保留和風庭院優點的日洋合璧露台庭院

神奈川縣　F・K女士的庭院

ROOM FEELING GARDEN

K女士的家原本是先生父親當作避暑別墅的地方。2年前重回這個家居住。但住下來後才察覺擁有300㎡這麼寬廣的庭院，並常為一直長個不停的雜草傷腦筋。

「希望變成不用忙著除草，可以觀賞花草的庭院」，所以委託過去以來就在照顧該庭院的弗卡瓦庭院設計公司的普川先生，著手改建庭院。

結果2006年第一次完成了以木條甲板和中庭式露台統合的庭院。

活用居住美國的女兒的建議，讓甲板是個擺放桌椅後，還能輕鬆在周圍活動的寬敞空間。

「無論上茶或上餐，甲板寬度都需要有3m以上。所以對這個甲板相當滿意。」

木條甲板做成容易上下的2階式階梯。此外，也顧及避免貓等潛入甲板下，而確實封閉側面。

連接甲板下方的是南歐風的露台。從起居室→甲板→露台，雖有緩和的高低差，但卻是個能大大享受戶外生活的寬敞開放空間。

從起居室觀看甲板和露台的全景。各個構造物之間，藉由豐富的植栽來連接，燈籠等日式景物也搭配得宜。縱深3.6m×寬5.0m的大型甲板，使用便利性也滿點。

DATA

用地面積／約580m²
露台＆甲板面積／70m²
庭院位置／住宅的南方。
設計、施工／弗卡瓦庭院設計公司
竣工／2006年2月

通道和甲板的聯繫，只靠橫越枕木之間的一條鐵鍊。屬於毫不遮掩的開放形態。

邊保留難得的日本庭園風味，邊到處補充摩登的元素

承辦改建工作的普川先生，從過去照顧該庭院至今已超過20年，所以對現在留存的幾棵松樹，都能一一道盡其特徵。同時，精通茶道的K女士的婆婆，從掌門人得到的珍愛培育的藤棚壞掉時，也是由普川先生幫忙重建的。

由於比誰都熟悉這個庭院，所以計畫改建成洋風庭院時，腦海中就有保留過去和風庭院要素的念頭。例如盡可能留存K女士公公收集的庭石和燈籠，再用心佈置協調的洋風配件。

「常聽說松樹不適合洋風的庭院，但只要搭配得宜就能完美融合。故顛覆固有想法，把松樹視為針葉樹的一種來整枝，即可營造摩登的庭園氣氛。」

1　有立水栓的用水場所。以砌成曲線的紅磚和壁面縱貼的石頭來產生趣味性。
2　在露台的尾端步上甲板的入口加入創意，鋪設那智的黑色小石頭，令人聯想起露地庭院的「塵穴」。

保留在梅樹下的雪見燈籠。讓中庭風的裝飾牆邊圍繞著五彩繽紛的花草，邊展現古色古香的存在感。

有階梯的通道延續到洋風的庭院。夾在樹木之間的園路，鋪設枕木和紅色石塊，讓日洋庭院的景觀產生對比。

室內氣氛的庭院

07

甲板＋通道

可從海邊直接走進來的附淋浴場甲板庭院

在庭院正中央配裝水管來設置淋浴場。蓮蓬頭採用不鏽鋼製品。前方的甲板可當作通道。

神奈川縣　福井FUMI女士的庭院

ROOM FEELING GARDEN

福井女士家的庭院，位於走上樓梯的車庫旁邊。約有5m×5m的空間，同時充當前往玄關的通道。

福井女士說：「先生和孩子嗜好衝浪，所以希望從海邊回家時，能夠不入屋即可直接走道淋浴場所。因此，把在新婚旅行中喜歡的峇里島和泰國休閒度假屋的照片等交給設計公司，傳達希望的庭院氣氛。」

被委託設計、施工的是THE SEASON的乙川尚志先生，他提議建造一個兼備通道和休閒空間的亞洲風甲板庭院。

乙川先生說：「想在庭院中央配置可當作象徵的淋浴場，因為這是設計該庭院的契機。」

在淋浴場前面設置甲板，甲板旁邊是鋪設四角形石板的通道。如此一來，即可產生視覺變化。因為沒有高低差，所以通道也可當作甲板的部份使用，十分便利。

非常喜歡峇里島和泰國休閒度假屋的福井女士，她親手製作的玻璃杯和啤酒都非常搭配這座庭院。

峇里島風的假門和白色的空磚、觀葉植物，一起演出亞洲休閒度假屋風情

ROOM FEELING GARDEN

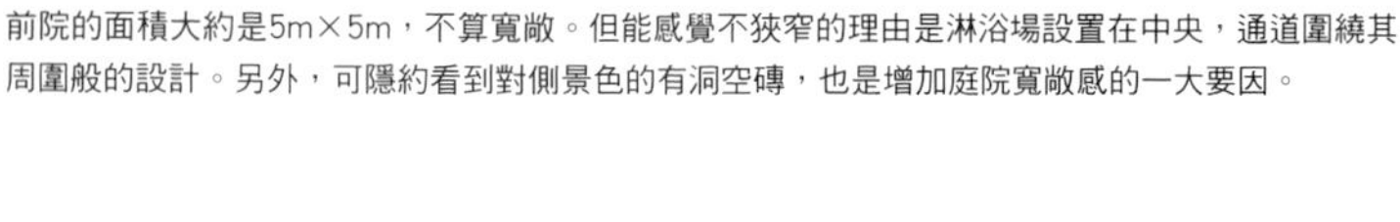

前院的面積大約是5m×5m，不算寬敞。但能感覺不狹窄的理由是淋浴場設置在中央，通道圍繞其周圍般的設計。另外，可隱約看到對側景色的有洞空磚，也是增加庭院寬敞感的一大要因。

用天然石加工製造的噴泉。從素樸的圓形頂上靜靜湧出的水，滴到下面的接水盆，滴滴答答演奏著水音。和羊齒組合營造穩重的風情。

沿著淋浴場後側通路的牆壁上裝置水龍頭，同時設置深的圓筒形接水盆。接水盆用水管為芯，設計成花或葉的形狀。這是乙川先生親手製作的（灰泥製品）。

步上樓梯的正面有個「假門」。令人回憶起土牆的Jolly pad塗料塗裝的圍牆上，裝飾著石製浮雕和木門來象徵亞洲休閒度假屋風。

用薄荷天然石配置腳踏石，周邊是栽種圓沿階草的園路。裝飾正面，會開紅色花的花木是瓶刷子。5～6月，會開試管毛刷形狀的花朵。

把淋浴場當作庭院重點，讓甲板和通道合成一體的前院，設計師乙川先生在設置種種設施的同時，也精挑細選空磚的素材和植栽。

其中最醒目的是在入門步上階梯的正面所建造的峇里島風假門。雙開式的木製門扉和朱蕉的盆栽十分協調。

門扉是象徵庭院的構造物，由乙川先生提議，有益把庭院的氣氛轉變成亞洲休閒度假屋風。

庭院的圍牆採用峇里島休閒度假屋印象的白色空磚，並栽種令人聯想南國海邊的龍血樹、紐西蘭麻、瓶刷子等。

而且，通道旁邊還配置以天然石加工成圓形的素樸噴泉。還有會傳來滴滴答答流水聲，會帶來涼意等的設備。

休閒空間的甲板上擺放長凳以及峇里島製的桌椅。點上蠟燭，拿著啤酒就能享受南國氣氛。

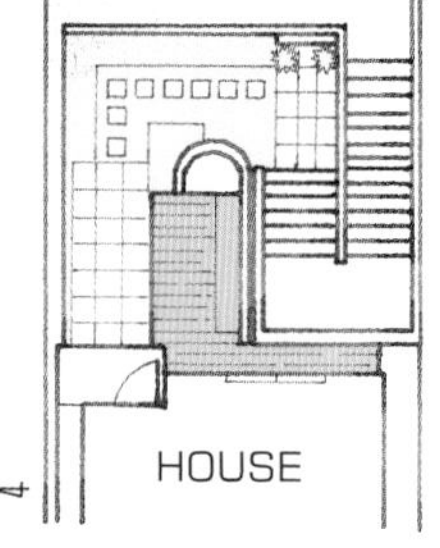

DATA

用地面積／100m²
庭院面積／25m²
庭院位置／距離道路約6m高位置的前院。下面是車庫。
設計、施工／THE SEASON東戶塚
竣工／2003年

使用白色壁面的淋浴場，ulin材（坤甸鐵樟）的木製甲板，鋪薄荷色天然石的通道，一起構成協調又漂亮的前院。固定式的長凳是升高座板，下面充當收納空間。

設置拱形窗、附裝飾架的掩飾牆，成為能享受室內氣氛的庭院

埼玉縣　鹽谷淳女士的庭院

ROOM FEELING GARDEN

設置在掩飾牆上的拱形窗。把鄰居翠綠的庭院當作窗外景色，窗的下部另築高50cm的raised bed來培育花草。

「這裡原本是個土壤裸露的場所，所以拔除雜草的工作相當辛苦」鹽谷女士這麼說。為了節省拔草時間，更有效利用土地，決定改建成露台庭院。

經過多方調查後，決定採用符合其期望，設置蛇腹式開閉的玻璃門和屋頂，讓冬天也能擁有舒適空間，以及設置掩飾牆呈現猶如獨立房屋形態的東洋戶外景觀公司所設計的「skysail」。

首先為了和廚房連接，填土墊高地板，鋪設觸感柔和的陶磚，建造露台。而且以蛇腹式的玻璃門圍繞露台周圍。擔心的隱私問題則在和鄰居的邊界設置掩飾牆來解決。但雖說是掩飾牆，並沒完全區隔，而在牆的部分做成窗戶來和花壇組合，同時別出心裁地設置彩繪玻璃的裝飾窗和裝飾櫃般的壁飾，猶如室內牆的裝潢意境。接著設置能採光的天花板，內側加裝能緩和日曬的遮陽篷。

希望夜間可在此進餐，泡澡後能在此喝啤酒，鹽谷女士追加壁掛式的照明器具。

這是彩繪玻璃的壁飾，夜裡可在此點蠟燭觀賞。

綠色毛玻璃的壁飾中，以緩和S字線條的彩繪玻璃做點綴，讓掩飾牆的表情更漂亮。

在棚板上裝飾栽植長春藤或多肉植物的小陶缽，增加露台的色彩。

DATA

用地面積／約300m²
露台面積／22m²
露台位置／建物的東側。
　和廚房連接。
設計、施工／諒心工業
竣工／2005年
協助／東洋EXTERIOR

註「raised bed」　用磚等砌高圍住的花壇。能改善排水和通風，不僅有利植物，花草也更醒目。

夏天打開玻璃門享受戶外起居室的樂趣，冬季關閉玻璃門當作日光室活用。

布製的遮陽篷是以手動開閉，可調整日照。鹽谷女士在此配置典雅款式的餐桌椅和躺椅。

在兩代同堂住宅的玄關前設置共有中庭，成為歡樂團聚的場所

東京都 明田川奈穗美女士的庭院

ROOM FEELING GARDEN

「希望將來能和獨居的母親居住一起，所以想興建兩代同堂的住宅」這麼說的明田川女士居住在東京郊外的翠綠丘陵地。

因此以「如果土壤裸露，拔雜草恐怕太辛苦，所以希望住屋以外的地方都鋪磁磚」的期望委託專人設計。

結果完成的是擁有2個玄關的L字形兩戶式住宅和中庭。

填土後和建物玄關地板同高的中庭，栽植沙欏當作象徵樹。選擇沙欏的原因是細細的枝幹會長出風情柔媚的枝葉，帶給中庭舒適的綠蔭。

明田川女士在往中庭延伸的樓台下方配置桌椅。而為了支撐樓台所設置的柱子，剛好成了掩飾物，不必擔心外面行人的視線。

或是家人一起烤肉，或是邀請朋友舉辦葡萄酒派對，或是明田川女士在自宅舉辦衝浪教室的師生茶敘，中庭總是大展伸手成為人群聚集休憩的場所。

明田川女士說：「在用地215㎡中，建物的面積佔86㎡，中庭有66㎡。最初認為中庭太大有些可惜，但現在卻變成室內氣氛的場所，令人太興奮了！」

這是明田川女士最早購買的玫瑰。雖不知花名，卻珍愛地以「無名的紅玫瑰」相稱。

把在庭院綻開的玫瑰花等插在玻璃花瓶，然後懸掛在沙欏樹幹做裝飾。這份溫馨的情意，讓中庭充滿歡樂氣氛。

利用閒暇時間，以相同布料製作成套的椅套、餐巾、保溫罩等餐桌用品。桌面點上蠟燭，使用喜愛的餐具來享用晚餐。

中庭的植栽方格中栽種沙檘，柔美茂盛的樹葉，成了綠色頂蓋。

可從2樓起居室出入的樓台是我個人的私秘空間

沙櫂的下草是栽植紫萼，又在門上裝飾心形的吊籃等，利用多層次的綠色來妝彩中庭。

中庭的地板是鋪四方形的磁磚。但磁磚是採用45度斜角鋪設，讓縫隙線成為斜線，醞釀充滿動感的空間。

穿過2樓的格子窗即可看見樓台。

在環繞住宅的茂盛雜木和蔓性玫瑰中，配置一張小長凳。和心愛的玫瑰對話成了開花時節的日課。

從道路觀看的明田川女士家。中庭被牆壁和針葉樹所圍繞。

明田川女士的家，除了中庭風的露台外，另有一個很特別的戶外起居室。

那就是能從起居室直接進出，面積約13㎡的樓台。

延伸到中庭上方的細長空間，剛好以翠綠的多摩丘陵為背景，是個毫不用擔心被人窺視的私秘空間。

明田川女士邊躺在雨可打濕的聚丙烯製沙發上，邊和愛貓玩耍，或邊悠哉地看書，都是她的最愛。

DATA

用地面積／215m²
中庭面積／66m²
中庭位置／前院。
樓台位置／中庭上方。
樓台面積／13m²
植栽／明田川奈穗美
竣工／2001年

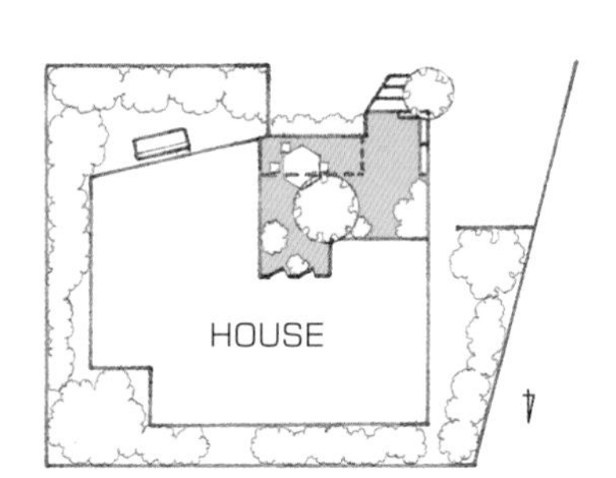

能從2樓起居室直接進出的樓台。在此配置明田川女士喜愛的桌椅，佈置成私秘空間。

憧憬擁有5個戶外起居室。全部親手打造的中庭風庭院休閒度假屋

神奈川縣　平原恒夫先生的庭院

ROOM FEELING GARDEN

前面是利用賓客用停車場的露台。這是平原先生和短暫停留的訪客可以輕鬆喝茶的場所，取名為「咖啡露台」。

平原先生除了到公司上班外，週末時間都在建造庭院。

會自己建造整個庭院的契機是從想在餐廳旁邊設置甲板開始。

平原先生說：「想在戶外用餐，所以考慮設置甲板。但委託木工估價才發現價格不菲，因此決定自己動手。」

於是，前往家用品中心等購買容易處裡的柱材、2×4材（註）和2×6材，並參考DIY雜誌開始進行。

完成最初期望的甲板之後，接著也在鄰室的起居室和和室外側設置甲板，結果藉由甲板可來往各個房間。

「我到家用品中心購物，可免費借用小貨車來搬運材料，提供我許多的幫助。」平原先生說。3個甲板都是利用週六、週日作業，共花費4個月才完工。

其次想建造寬2m30cm、高80cm可兼收納櫃的烤肉爐。平原先生說：「想嘗試挑戰砌磚作業的功夫！」於是用磚平放排列製作火床，在砌高8層磚的爐壁上部橫跨鋼筋、擺放烤網，完成烤肉爐。

前面是和室桌甲板。這和坐椅子的感覺不同，相當悠閒，深受年長的親戚們青睞。夏天會在上面覆蓋竹簾遮陽。

和室桌甲板的旁邊設置烤肉爐。這是先決定烤網大小，再依據烤網大小決定爐的尺寸。

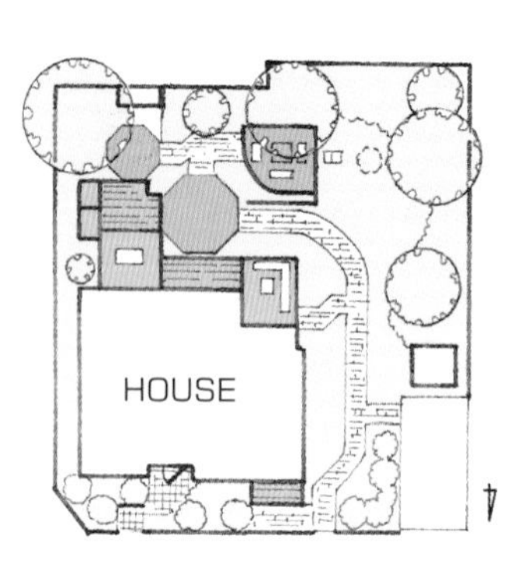

DATA

用地面積／約330m²
庭院面積／160m²
庭院位置／後院。
設計、施工／平原恒夫
竣工／2006年

註【2×4材】　亦即TWO BY FOUR材。在壁構造建築的TWO BY FOUR法所使用的木材有針葉樹的雲杉、松、樅木等。因為是以規格尺寸製材，軟硬適度容易加工，所以是週日木工常用的材料。除了使用在甲板等外，也可設置擋雨的屋頂，但需反覆塗抹防腐塗料好好保養。另有板面寬度不同的2×6材。

從2樓陽台觀看的露台。平原先生說：「玩壘球的附近朋友或親戚等，雖然人數都相當多，但能4～5人一組分散在露台或甲板等一起進餐。」

重點在地板施工前，要先完成電氣的配線和自來水的配管

咖啡露台旁邊建造的漂亮儲藏室，用來收納庭院工程使用的電動工具、園藝用具和園藝資材等。

平原先生最早完成的是餐廳旁的甲板，面積將近6個榻榻米大。

朋友們最喜歡的烤肉露台。在桌子正中央開了一個四方形的洞，在洞的下方設置排水用的U字溝來取代火爐。

ROOM FEELING GARDEN

快樂建造庭院的平原先生，因憧憬「擁有5個休憩空間的中庭風庭院休閒度假屋」，所以加速在建造庭院。

所謂5個休憩空間是包括已經完工的①餐廳旁的甲板、②加設的和風甲板、③利用不停車時的停車場的咖啡露台、④可做日光浴的日光陽台和⑤設置桌子能夠烤肉的露台。

平原先生說：「每天在通勤電車上思考庭院的設計，回家後畫設計圖，假日到家用品中心採購材料，然後開始工作。我是持續過著這樣的日子。」

首先要做的是電氣的配線和自來水的配管。電氣部分，先決定夜間也能享用庭院所必備的聚光燈、室外燈位置，在電線穿過塑膠管埋在土中進行配線。而自來水部分，是在立水栓和水池部位埋設水管。

接著是露台。依據不同用途決定強度，打造地基。活用停車場的咖啡露台地板，是先塗抹5～6cm厚度的混凝土，上面再鋪設8cm的磚塊和亂形石，用灰泥牢牢固定。日光室較不需要強度，所以只用灰泥固定周圍磚塊，用砂固定鋪在內側磚塊等，採用的都是作業效率高的方法。

平原先生說：「磚是向熟人購買的，對應必要每次會運來一車280塊的磚約2～3車，最後全部使用了3000塊磚。」

建造庭院總共花費2年，在本年春天終於完工。

從屋形框架上垂吊下來的是船舶用煤油燈。庭院中包含聚光燈，共在6處設置室外燈。讓夜間也能舒適地使用庭院。

把不要的不鏽鋼浴缸廢物利用，建造成水池和花壇。壁面則使用古董磚來強調存在感。漂浮在池面的水草是鳳眼蘭。

美化園路的邊界花壇。濕原鼠尾草、紅花半邊蓮、非洲鳳仙花、秋海棠、雁來紅、維多利亞鼠尾草等夏季花草多采多姿綻放著。

鋪設白色亂形石的地方，是可以邊享受日光浴邊進餐的日光露台。亂形石的特徵是容易處理，質地也較柔軟方便加工。

包圍烤肉露台的屋形框架（frame），是為女兒舉辦結婚儀式時，以斐濟教堂的形狀為主題，使用2×4材搭建的。

想像非常喜歡的沖繩海邊所打造的中庭風前院

愛知縣　柴田薰先生的庭院

ROOM FEELING GARDEN

中庭由dry garden、小水池、小狗屋等簡單構成。從起居室以2階的階梯來進出。

新建西班牙風外觀住宅的柴田先生，決定配合住宅的氣氛，把前院改造成中庭風的dry garden（註01）。由柴田先生畫庭院圖，委託造園會社美芳苑施工。

重點是圍繞庭院的牆。為了能在確保隱私下完成具有個性的中庭，不僅牆的高度，連牆的質感都要講究。

美芳苑的服部先生說：「想要遮過鄰家牆壁和屋頂成為獨立空間，需要高2m20cm的圍牆。故為了儘可能便宜又安全，採用組合鐵骨再貼木板的方式來減輕重量。而且設置壁龕（註02），讓牆壁本身成為一幅畫一般，用以質感柔和為特徵的亂形石來做修飾。」

地板是隨意鋪貼色彩明亮的進口天然石。

「唯恐天然石鋪到牆壁邊際會呈現狹窄感，又缺乏變化」，所以在牆壁和地板間，鋪上白色礫石設置dry garden，演出摩登中庭的情調。

從起居室的格子窗觀賞，視野全部在中庭。晴朗的日子打開窗戶，即可享受相連一起的庭院氣息。

為了搭配明亮輕快的露台，桌椅都選用鋼材製作的簡潔款式。

這是愛犬太郎的家。配合中庭的氣氛，使用小片法國瓦做屋頂。同時用英國的古董磚裝飾壁面。

柴田先生夫妻非常喜歡沖繩的黑島。所以把在沖繩常見的壁虎做成小飾品佈置牆壁。蔓性植物和壁虎飾品是鍛鐵製作家松村明育先生的原創品。

DATA

中庭面積／20m²
庭院位置／前院。通道面對住宅的右側。
設計、施工／美芳苑
竣工／2006年

註01【dry garden】 以石頭、碎石子等做素材，並搭配仙人掌、多肉植物等耐乾燥的植物所形成的庭院。
註02【壁龕（niche）】 西洋建築上挖掉部分牆壁所製造的凹陷區塊。設置在教堂內牆等，當作裝飾雕像等的地方。

在dry garden中主要擺放缽植的仙人掌、景天、空氣植物和麒麟花等耐乾燥的植物。

水池內側鋪設玻璃磁磚，強調水的透明感。

這是夫妻千里迢迢前往岐阜市，好不容易找到帶回來的浮球。為了裝飾這個浮球，在牆壁上裝置以蔓性植物為主題的飾品掛鉤。

用白色鵝卵石和珊瑚石構成的dry garden。壁龕裡裝飾以吸收空氣濕度成長的空氣植物，壁虎飾品上懸掛著海州骨碎補。

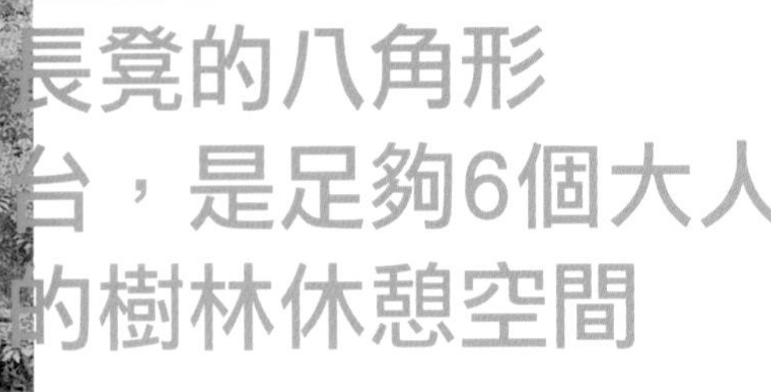

附設長凳的八角形眺望台，是足夠6個大人放鬆的樹林休憩空間

千葉縣　高瀨紀子女士的庭院

ROOM FEELING GARDEN

光蠟樹等樹叢的綠色可以遮掩來自道路的視線，確保隱私。通道旁也豎立塗裝黑色油性染色劑的枕木來加強掩飾效果。

高瀨女士在日本南房總的別墅庭院裡，設置了一個直徑約3m的眺望台（gazebo）。以山的樹林為背景興建，成為通道旁的休憩場所。

「或是邊眺望庭院的綠樹邊讀書，或是和親朋好友一起喝茶吃飯都是長年以來的夢想。但這在都會區的自宅根本無法實現，所以希望在這週末和夏天幾乎都會來的庭院裡建造眺望台，以及會在風中搖曳生姿的樹木。」

接受高瀨先生委託設計、施工的楓庭園公司的酒井明先生，建議活用連接斜坡山面緩緩上升的土地，興建兼備通道和休憩空間的庭院。

酒井先生說：「主要課題是設置不用擔心來自道路的視線，可以放心休閒的場所。」

邊謀求和木造房舍取得平衡，邊在山邊興建眺望台，並在周圍種植樹木解決遮掩視線的問題。同時，通道採用蛇行方式來增加縱深感。門出入口的兩側或枕木邊緣，也重點式栽種花草，讓視覺產生變化。

在鋪設白色小石頭的車庫空間，設置花壇增加美觀。並以栽植耐乾燥的景天、百里香作為主體。

紅色的郵筒是瓦斯筒的廢物利用製品。醞釀近年來高人氣的復古氣氛。高瀨先生的住宅成了籠罩著綠意的通道上的裝飾焦點。

八角形的眺望台中，有五面設置長凳，三面開放。空間寬敞，除了足夠6個大人坐下外，從任何位置也都能輕鬆出入。

眺望台使用耐雨又不怕蛀蟲的紅雪杉。由於裙板兼當椅背使用，故把光滑面朝內側，粗糙面朝外側使用。

DATA

眺望台面積／7m²
庭院位置／東側的山林斜坡。面對道路的緩坡前院。
設計、施工／MAPLE GARDEN（楓庭園）
竣工／2004年

為了防範從沿岸吹來的強風，所以提高天花板的強度，椽的數量也比平常多一倍。結果，整體造型美不勝收。

增設溫室
以期和賓客
一起觀賞玫瑰

千葉縣　本間憲章先生的庭院

ROOM FEELING GARDEN

從玄關旁觀看的溫室。在旁邊進行換植作業，對本間先生來說，是從玫瑰上獲得活力的寶貴時光。

擔任醫療法人牙醫團體診療所理事長，過著超忙碌生活的本間先生，內心最平靜的時候是和玫瑰對話的片刻。

玫瑰庭院是從十數年前開始建造的，至今非常自豪已擁有700株以上的玫瑰，堪稱日本國內屈指可數的玫瑰收藏家。

寬廣的用地上處處都有提供來自世界各地的眾多賓客能夠享受幸福時光的空間，包括迎賓廳、演奏廳、游泳池、觀景甲板、網球場等。

沿著通道所設計的漂亮溫室，也是為了款待賓客所設置的場所。這座和住宅外觀十分協調的維多利亞風的溫室是英國製的，面積約40㎡。擺放7人坐的大圓桌之後，仍有許多空間。

開花季節，這裡每週舉辦派對，讓賓客好好欣賞本間先生用心栽培引以為傲的玫瑰。

三面裝玻璃的寬敞空間，為了連結室內方便進出，墊高溫室地板的高度又鋪設磁磚。進出門格子架上盛開的花是玫瑰「angel」。

DATA

溫室面積／約40m^2
溫室位置／沿著玄關前的通道。
溫室的設計、施工／阿爾發
（英國、阿姆迪卡公司製）

進出門的門片是採用外推形，所以能大大地打開。當然也富有機密性，冬季居住也很舒適。

英國製的溫室，不僅具有舉辦各種派對的實用性，也重視景觀具備優美造型。

在開放式庭院中設置園亭來確保隱私

栃木縣　金田富子女士的庭院

ROOM FEELING GARDEN

設置從住宅戶外窄走廊可直接前往露台或園亭的園路。

「我喜歡和道路的行人一起觀賞庭院綻開的花草。但是被一覽無遺的感覺又有些難為情」

抱持這種想法的金田女士，委託綠草造園公司的山上忠先生來承辦前院的設計、施工。

結果以興建園亭巧妙地解決這個難題。

安排在庭院中的園亭，面積大約4個榻榻米大小。面對庭院的部分設置寬格子的格子架，保持良好的視野，而面對道路的壁面則加裝木板。地板是隨意鋪貼石塊，置放桌椅。

進入裡面就不用擔心行人的視線，所以成為金田女士主要的喝茶休息場所或雨天的園藝作業場所。

園亭的缺點是大又顯眼。因此山上先生加設了一個厚重氣氛不輸給園亭的鋪石露台和洗手台。而且採用在栽植草坪的圓形區塊中，組合十字形園路的大膽平面圖案。完成視覺調和的庭院。

金田女士在擺放桌椅的露台周圍花壇以及沿著園路，栽植連錢草、斗蓬草、駱新婦、薰衣草、百里香、蔓性日日春、景天等多年生草本植物加以綠化。

且用花槽栽培一年草本的美麗花卉來點綴庭院。

金田女士的庭院是使用矮門和矮牆圍住的開放形態。沿著道路設置的花壇和庭院，可從道路上眺望。

使用天然石和板材建造的小倉庫。由於和庭院相當協調，所以成了漂亮的添景物。

設置在園路旁邊的雕像風立燈，白天是庭院的裝飾品，夜間則點燃船舶用煤油燈照亮園路。

用天然石堆砌成圓筒狀的立水栓。簡樸的造型在庭院中反而醒目，是庭院景觀的焦點。

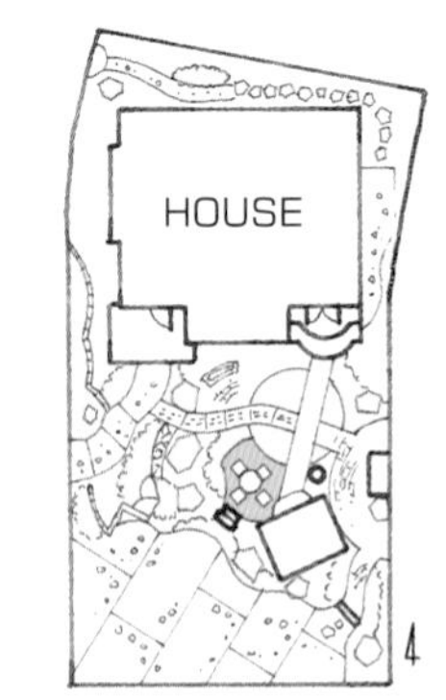

設置在露台上的洗手台。貼上磁磚的冠木和作業台構成緩和的曲線，呈現溫柔的風情。

DATA

用地面積／360m²
庭院面積／230m²（包含停車場）
庭院位置／夾在建物和停車場之間的前院。
設計、施工／綠草造園公司
竣工／2003年

從園亭裡面眺望庭院的情形。配置在露台上的椅子，下雨天可折疊起來收放在園亭中，十分方便。

方便簡單烹調，附設餐廳廚房的南歐鄉村風中庭

千葉縣 西垣戶良子女士的庭院

ROOM FEELING GARDEN

既存的露台為了遮蔽來自道路或鄰家的視線，所以設置牆壁。以特殊技法塗抹灰泥的牆壁，無論厚度或形狀都如自然成型般具有親和感。而經過幾次塗層的顏色也頗具風味。

沿著半圓形的露台地面，藤架也描繪曲線。調理台旁的地板材是使用老舊風情的西班牙瓦。

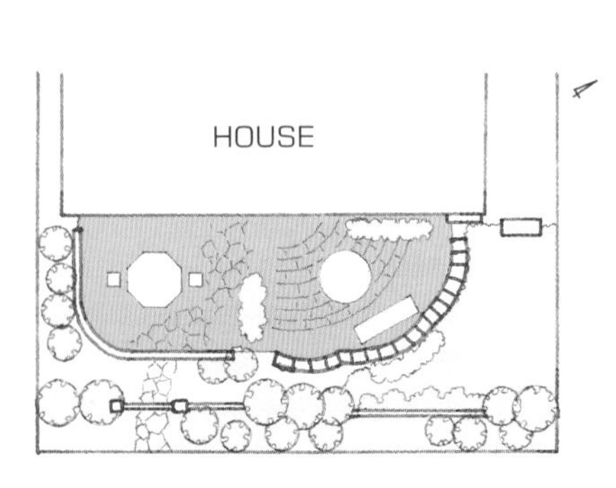

有8隻腳的藤架，以20cm的高低差來展現活潑造型。藍色調是邊聽從現場人士的建議邊調製的。調理台的磁磚是西垣戶女士的收藏品。

設置在調理台背面的小花壇和裝飾架，是提供等巴士的人欣賞的構想。但在視線位置設置鐵製格子架。

以有開口部的塗裝牆和藤架來區隔露台空間，結果既不損開放感又能擁有隱私性。視覺上也充滿變化。

西垣戶女士家的中庭是面對著巴士道路。故在步道邊界不設置圍牆，改以丹桂、銅葉黃櫨、含羞草等樹木的樹籬取代。讓行人能從樹木之間欣賞庭院。

「我很喜歡在庭院秀看到的充滿喜遊之心的楓樹庭院，所以興起改造庭院的念頭。我和女兒都非常喜歡花時間待在庭院裡，故想設置方便簡單烹調的場所，並貼上找來有地中海印象的藍色進口磁磚，也把藤架塗裝喜愛的藍色，於是委託專人設計」。

楓庭園公司的酒井明先生提議打造一個兼備穩重和機能性，能享受餐廳廚房樂趣的中庭。

酒井先生說：「考慮把調理台當作設計主題，結果萌發中庭的構想。」把既存露台上的廚房空間加以連結，設置牆和藤架來做區隔，形成比過去更舒適的休閒空間。

DATA

中庭面積／18m²
庭院位置／面對巴士道路，沿著步道的中庭。
設計、施工／MAPLE GARDEN（楓庭園）
竣工／2001年

享受室內感覺的中庭構造物

為了方便在庭院賞花擺放一把安樂椅，為了能在樹蔭下喝茶配置桌椅，希望把庭院當作休閒場所的人應該不少。

這裡要介紹的是需要花錢和時間興建的，能享受室內感覺的大型構造物。

園亭或眺望台　設置在庭院裡的建物，有猶如別館般利用的園亭或眺望台（洋風涼亭）等。園亭是和建物分離設置，和庭木組合當作景觀的重點。

眺望台（gazebo）是在廣大庭院中，除了附設露台、甲板外，另外沿著園路上設置的建物，具有提高庭院縱深的效果。

藤架或頂蓋式棚架（arbor）　藤架是設置露台或甲板上，豎立堅固的柱子，上面搭棚的構造。可攀爬蔓性植物等製造遮蔭，演出美麗的立體空間。

頂蓋式棚架（arbor）是較少聽說的名詞，這是在長凳上部搭建頂蓋風的支柱，用蔓性玫瑰等所圍繞的空間。

另稱為半圓拱形棚架。也有使用格子架取代蔓性玫瑰圍繞，或和拱門、長凳組合等的模式。

廚房甲板　廚房甲板是具備充分烹調機能的室外廚房。在甲板上設置調理台、流理台、作業台和收納機能，也配置餐桌椅。

用格子架或者藤架圍住製造樹蔭，誘引蔓性植物等確保隱私，構成擁有穩重氣氛的野外餐廳。

甲板或露台的料理，以烤肉最具代表性。因為室外不用擔心冒煙，所以只要有一座爐子，就能享受歡樂。

1　既成品的木屋。使用有厚度的照葉樹板材疊造的木屋，不僅隔熱性佳，居住性也超群。和庭木組合即有如高原別墅般的情趣。
（增田邸）

2　地板全面隨意鋪貼天然石的露台庭院。其一部份建造有堅固支撐腳的半圓形藤架。下面擺放整組桌椅，是個享受進餐的空間。
（池田造園）

3　組合樹枝成為拱門和椅子的頂蓋式棚架（arbor）。醞釀出自然氣息。適合攀爬定家葛或白花茄。
（相模庭苑）

4　眺望台（gazebo）壁面設置格子架，誘引鐵線蓮。從格子架的縫隙能觀賞到周遭的景色，不會有受侷限的印象。
（相模庭苑）

5　六角形的小型木造眺望台（gazebo）。由於必須搭配不算寬敞的露台，所以用細骨架建造成小巧型。也成了讓庭院看起來更立體的添景物。
（相模庭苑）

6　在連接藤架的園路後側建造的庭院廚房。甲板上設置有調理台、作業台、流理台。並用格子架圍繞，誘引葡萄。

7　長凳和藤架一體化的構造物。誘引少刺的蔓性玫瑰等，當枝垂花開時，即可眺望更具風情的景致。

由衷舒暢起來的

美麗綠色
露台 & 甲板

terrace & deck garden with green

甲板＋露台＋花壇

把草坪變成露台，花壇變成岩石庭園，形成綠意盎然的美麗露台庭院

神奈川縣　原田惠美女士的庭院

花壇左側沿著圍牆部分，整個改造成岩石庭園。配合石塊的明亮顏色，把萬年圍牆也漆成白色。

甲板上部誘引鐵線蓮「阿蔓地」來製造綠蔭。春秋兩季，在甲板邊喝茶邊看報紙成了原田女士的日課。

terrace & deck garden with green

1　通道部分也鋪裝磚塊和混凝土，所以狗在這裡奔跑也無礙。
2　用磚塊砌成的洗手台和立水栓，是清洗園藝用具污泥或灑水的重要設備。
3　為使露台和通道氣氛有所不同，把四方形的石板斜向鋪裝謀求變化。

原田女士是因飼養拉不拉多狗，才把原本的甲板＋草坪＋花壇的庭院，改建成「狗兒可以自由嬉戲的庭院」。

重點是草坪和花壇的改造。因為雨天會滿地泥濘，狗狗排尿會使花草受損或枯萎等，所以保養草坪相當費事。

但問題在於花壇。既不希望狗能進入花壇，又不想喪失欣賞心愛花草的機會。

因此，花壇以眾多石塊打造成岩石庭院。

在石塊之間栽種聖誕玫瑰、毛地黃、百合、迷你玫瑰等植株較高的植物，成為狗兒可在石塊上行走，且石塊和植物配置協調的翠綠色美麗庭院。

「庭院改建之後，狗兒可以自在走動，我們也可在庭院中和狗兒快樂嬉戲」。

註【岩石庭院】 rock garden 花壇的一種。配置眾多岩石，在岩石之間栽種花草或高山植物。如果栽植的植物是厭惡潮濕的多肉植物等時，可把花壇的土壤更換為以輕石為主的培養土。

DATA

用地面積／215m²
庭院面積／約66m²
庭院位置／向南。連接通道的前院。
設計、施工／相模庭苑
竣工／2005年

美麗的綠色露台＆甲板 02

露台＋樹木＋下草的庭院

濃淡的綠色層次能撫平情緒，是自然氣氛滿點的露台庭院

東京都　後山雅子女子的庭院

隨意鋪貼石塊的圓形露台中有一根枕木，是用來強調石塊露台和枕木露台的關聯性。

把甲板風露台和圓形露台分開設置來強調寬敞。為了避免單調，栽種紫蓼和景天當作裝飾重點。

DATA

用地面積／224m²
庭院面積／約66m²
庭院位置／停車場後面的L字形庭院。面向南方。
設計、施工／林庭園設計事務所
竣工／2002年

1 坐在椅子，被櫸木、夏椿、梣木等雜木所環抱，好像置身在森林中一般寧靜。
2 依偎在高大的夏椿下方的是聖誕玫瑰、彗星菊、野芝麻和紫萼的植栽。葉色各不相同但非常協調，醞釀一股沈穩的氣氛。
3 裝置庭園燈的枕木桿，覆蓋著吊鐘花、大檞來綠化。

和鄰家的邊界設置格子架，誘引鐵線蓮。初夏盛開的花朵會覆蓋格子架，美化庭院。

terrace & deck garden with green

後山女士因興建新家的契機，夫婦兩人也購買枕木和庭木，挑戰打造庭院。

然而，枕木的配置和栽植的庭木卻不易取得調和，無法隨心所欲。因此以「必須使用已購買的枕木和庭木，打造氣氛好的喝茶庭院」為條件，委託林庭園設計事務所執行。

完成之後，形成兩處露台和庭木平衡又調和良好的自然景觀庭院。

地上鋪耐久性的枕木，成為可從落地窗出入的甲板風露台。但林先生覺得這樣缺乏變化又無趣，所以在稍微離開的地方，使用稱為拉菲爾石的義大利天然石，建造另一直徑2m80cm的圓形露台來強調縱深。而且把枕木庭院的前端，延伸到圓形露台上。

林先生也移植櫸木、梣木、夏椿等庭木，圍繞著兩處露台謀求變化，讓庭院散發自然景觀的風情。

甲板＋花壇

甲板上設置需要撥空照顧的小花壇，享受充實的庭園生活

神奈川縣 澀谷昌代女士的庭院

依據自己想像設置的鐘塔藤架。扇形的藤架上乘載著三角形屋頂的鐘塔，形成獨特的造型。

雖然仍要持續網球、高爾夫球、插花等活動，也要去音樂會，但是最喜歡的種花還是澀谷女士生活中不可或缺的一環。

為了縮短照顧花的時間，因此委託湘南企畫工藝建造有細長形花壇的庭院。

從起居室即可穿著拖鞋進出甲板，輕鬆照顧花草，而且花壇變小，照顧時間也縮短。同時基於甲板覆蓋的部分，可省掉除草的麻煩，所以庭院大半設置甲板。

圍繞甲板設置的花壇有30cm寬。依據過去培育植物的經驗，判斷如此即可栽種植物，所以決定這個尺寸。

從面對停車場的庭院柵欄門進入庭院時，圍繞著花草的緩和階梯會引領你到甲板。階梯旁邊的圍牆所裝飾的雕像相當搶眼。

澀谷女士在這不算寬的花壇，主要栽種白子蓮、聖誕玫瑰等不太需要照顧的多年生草本植物。除此之外，也栽植柏葉繡球花、醉魚草、茶花、繡球花等會開花的樹木，精心設法在高處也有搭配枝葉的花朵綻開。

花色華麗的一年草本植物是栽植在花槽或吊籃，培育在階梯旁邊的花壇。

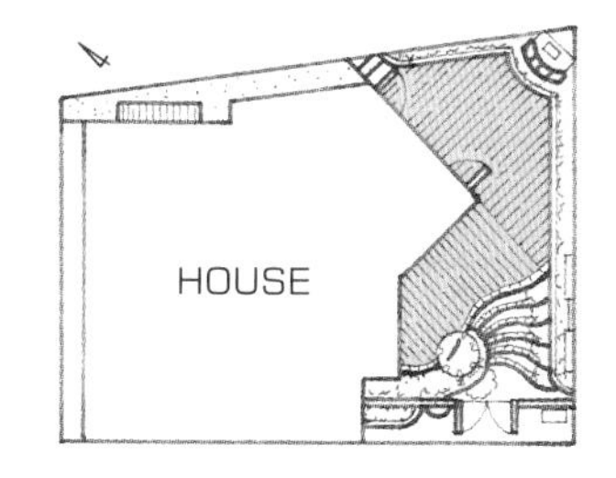

DATA

用地面積／220m²
甲板面積／約40m²
甲板位置／在建物西南側的停車場後面。
設計、施工／湘南企畫工藝
竣工／2001年

澀谷女士說：「每天早上送走先生後，首先來到甲板，摘掉枯花、澆澆水就要花費45分鐘。」夏天黃昏澆過水後，眺望和夕陽相輝映的美麗花壇，是我最喜歡的事。

喜歡流連庭院而常忘記時間經過的澀谷女士，決定在庭院設置時鐘。

但又覺得把大時鐘掛在牆壁相當無趣，所以自己描繪附設鐘塔的藤架圖面。

而且，選擇在單調的平面甲板一角，請木工來興建。結果，對守時大有助益。

避免照顧花草時忘記時間，設置附有鐘塔的藤架

1 「從起居室的落地窗也能輕鬆進出，相當便利」澀谷女士這麼說。

2 由於是木製甲板，所以每三年就要塗裝一次油性染色劑來保養。

3 具備緩和曲線的階梯，階梯差小，能以悠閒的心情上下。

註【附鐘塔的藤架】 藤架是可攀爬蔓性植物的構造物。多半當作甲板上的重點裝飾物來建造。附鐘塔的藤架是在藤架的一部份裝置時鐘，這是澀谷女士原創的造型。

1　佛羅倫斯秋海棠的吊籃，從春天到秋天不斷開花，賞心悅目。
2　設置在藤架柵欄門旁邊的立水栓。用磚塊和亂形石堆砌成拱門形。對澆水和洗車都很方便。

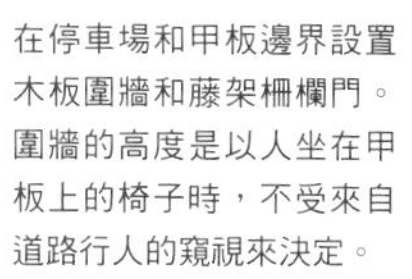

在停車場和甲板邊界設置木板圍牆和藤架柵欄門。圍牆的高度是以人坐在甲板上的椅子時，不受來自道路行人的窺視來決定。

甲板＋花壇

甲板上附設戶外窄走廊和斜坡，讓前往花壇或果園更簡單

神奈川縣　帶刀幸一先生的庭院

帶刀先生是「電視建造庭院節目的中獎者，獲得免費建造庭院」。負責建造該庭院的是擁有4連霸成績的造園公司PLAYSCAPE。

庭院是L字形約有200㎡大。帶刀先生說：「栽種喜歡的果樹和花草之後，不知不覺中茂盛起來，導致不知如何整理才好。」於是整理庭木，考慮以哪種要素來配置，進行分區規劃（zoning）。

主題是家人都喜愛的甲板庭院。

「庭院要有休閒空間的甲板、孩子的遊戲場以及家人喜歡的果園、花壇。而且在迎接賓客的玄關前設置腳踏車和汽車的停車場等。各以角落來區分。而各角落又以園路來相連結，園路交叉處則設置噴泉當作庭院裝飾重點。」（設計負責人山崎一也先生）

甲板面積約35㎡，為能舒適在此休閒，設置在從道路看不見的庭院最裡側。

由於通往甲板的戶外窄走廊設在一樓各房間的落地窗外側，所以不用繞道玄關即能走到甲板或庭院。

接著在戶外窄走廊的一端設有斜坡道，可進入庭院。這是考慮將來即使使用輪椅也方便的設備。而且在甲板前方，設置小學4年級和2年級的兒子可以遊戲的草坪，以及用樹墩配置成腳踏石一般的遊戲器具。

配置在玄關前的迷你牆，是裝飾帶刀太太「壓花畫」作品的畫廊。

註【區域劃分（zoning）】　依據庭院的現況圖，進行甲板、花壇、草坪、等的概括配置計畫以及通道、園路等的動線計畫。

甲板是使用施打過防腐劑的鐵杉材。且為了方便從一樓房間進出，做成55m高。面對庭院部分設有一個階梯。

從甲板觀看庭院的風景。修剪草坪是由帶刀先生負責。帶刀先生說：「草坪有微妙的凹凸，所以使用電動除草機來修剪。」

把庭院過去就存在的果樹、香藥草和花草聚集成園藝區。「把花壇、菜園、果園和草坪等統整在一個角落，結果管理變得輕鬆，相當受益。」

玄關前的通道。設置汽車和腳踏車的停車場。腳踏車停車場上設有割開的舊輪胎，可以把腳踏車前輪塞入的嶄新點子。

甲板前面設有果園、廚房花園、花壇等的實用庭院

坐在甲板上眺望庭院時，可看到用保齡球製作的創意噴泉。而且以奇異果拱門做象徵的果園也映入眼簾。

果園裡除了有成熟後會結紫紅色果實的黑莓外，也栽種藍莓、櫻桃、柑橘、金桔等，用結實纍纍的水果來裝飾庭院。

甲板旁邊有太太期望的香草花園、廚房花園。還有嗜好壓花的奶奶能摘取壓花材料的花壇。

花壇只有一片榻榻米大，但因緣邊是用混凝土鑲彩繪過的石頭，故即使是花少的時期，仍充滿故事王國般的趣味性。

帶刀先生說：「變成百看不膩的庭院。」過去無法進行的烤肉，現在卻能邊和孩子們一起在甲板烤肉，邊充分享受這明亮又舒適的庭院。

在園路的交叉點設置噴泉。另在用平板石堆砌的正中央，裝置一個用打洞保齡球所完成的噴泉。

在果園和花壇之間配置拱門，奇異果茂盛地攀爬在拱門上。這是為了從拱門前面眺望時能強調縱深，並感覺庭院更寬廣。

DATA

用地面積／330m²
庭院面積／198m²
庭院位置／從前院沿著建物延伸的L字形。
設計、施工／PLAYSCAPE
竣工／2005年

有會結許多紅紫色果實的黑莓果樹。採用立水栓當作兼具實用性的裝飾焦點。

露台＋雜木＋下草

雜木圍繞的鋪石露台上，配置馬賽克圖案的新月形茶几

栃木縣 小林一央先生的庭院

為了和烏樟等雜木取得協調，露台鋪裝稱為水鴨石的天然石。

1 沼尾先生獨創的庭園燈。把壺倒立在石臼上，然後裝置照明器具。負責庭院和通道的照明任務。
2 「希望親子都能親近花草」，沼尾先生使用木板片，親自油漆製作標示牌。

在庭院周圍栽植雜木，製作翠綠色的背景。內側鋪礫石防止雜草叢生。而鋪礫石的部分設置親子培育花草的可愛花壇。

小林先生的家位於栃木縣郊外的寧靜住宅區。2年前興建新屋時，把建物配置在靠北地方，讓前院更寬敞，並委託造園師沼尾光三先生進行庭院設計、施工。

沼尾先生提議的庭院是能與和風建物取得協調，以栽植落葉樹為主的雜木庭院。

又為了醞釀溫柔風情，也配植枝椏較纖細的姬沙欏、山紅葉、四照

新月形茶几的素材是使用過去的拖車的鐵製車輪。切斷鐵輪的三分之一，把切斷的車輪短邊套在大輪的內側形成新月形。然後底部鋪木板倒入灰泥，再用磁磚或小石子排列圖案。

花、冬青、梣木、烏樟等，下草栽植花朵美麗的山野草淫羊藿、蝦夷延胡索、華鬘草、大葉玉簪等。

而且使用當地才能開採到的水鴨石來鋪裝露台。這裡的主賓是6歲和3歲的可愛女兒。沼尾先生希望女兒們會喜歡這個場所，特別製作一張新月形的馬賽克茶几。

茶几的高度是配合孩子的身高，設計成較矮的50cm。並配合茶几高度設置大人用的天然石椅子以及孩子用的圓木椅子。

幫忙看家的奶奶說：「2個孩子都非常喜歡這裡，所以點心都在庭院裡吃。」而且「很高興今後可以邀請朋友們來此舉辦生日派對」

DATA

用地面積／300m²
庭院面積／83m²
庭院位置／向南的前院。
設計、施工／沼尾光三
竣工／2006年

06 美麗的綠色露台＆甲板

露台＋樹木的庭院

建造可舉辦派對的甲板和摩登和風露台，並在樹下擺放一把椅子等，形成多樣化的休閒場所

愛知縣　山本美貴枝女士的庭院

加藤先生說：「為了和圓窗取得協調，花了半天時間才決定出桌子的位置。」桌子較低適合盤座使用，桌面還空出1片陶板份的植栽場所，栽種落霜紅。

從和室觀看露台。設置2個階梯，進出十分輕鬆。

從事不動產業，經常在自宅舉辦派對的山本女士希望「可能的話，可以配合當時的料理或邀請的賓客，自由選擇在甲板或露台舉辦派對」因此委託造園師朋友加藤MANABU建造庭院。

因為已經擁有可從起居室進出的甲板，所以這次以和室形象的圓窗為背景，把庭院的和室側打造成摩登的和風露台。

加藤先生起先進行的是遮斷甲板庭院的風景，形成氣氛完全不同的獨立空間。

再用磚塊堆砌曲線柔和的牆壁，把庭院分成兩處。

之後，又以「自然溫馨風情」為概念，在周圍栽種蓮香樹、夏櫨、吊花、白露錦等葉色美麗的雜木，構成樹林。

並採用形狀獨特的柳杉和花朵有各性的瓶刷子當作裝飾重點。

DATA

用地面積／890m²
甲板＆露台庭院的面積／230m²
庭院位置／向南的後院。
設計、施工／加藤MANABU
竣工／2001年

從2樓的窗戶俯瞰露台的情形。其中園路因為期望產生柔和感，是山本女士和加藤先生兩人邊切割磚塊邊鋪設的。

建造露台庭院之前的庭院景象。庭木很少，有些寂寥。

完成背景的樹林之後，接著是主角的椅子。加藤先生在樹林中規劃出搶眼的三角形露台。

露台大小是寬6m、縱深3m80cm。為方便從落地窗進出，以2個有高低差的三角形來組合。素材使用表面粗糙止滑種類的大理石。以30cm正方的大理石組合，呈現充滿存在感的地板。

因為木製桌子的質感不同，不適合配置在這個露台，所以採用疊在庭院角落的陶板。這是瀨戶的窯為壁畫用所燒的部分織部陶板。山本女士認為可能有用而購買下來的。40cm正方的深綠色陶板，比起露台的地板材，質感毫不遜色。

加藤先生就以此為素材設計一張簡單的四方桌，和圓窗形成對比般加以配置，完成露台。

山本女士和加藤先生商量後，在能眺望心愛庭院的最佳位置，擺放一張形狀優雅的白色鐵製椅子。這是為了眺望新庭院，放鬆心情的用具。

山本女士為了觀賞庭院，在樹下擺放白色座椅。但椅子不僅是休息場所，也成了統合風景的裝飾重點。

栽植在露台周圍的金瘡小草。盛開的粉紅色花朵成了美麗的鑲邊。

以圓形、三角形、四角形的幾何圖案建構的摩登和風露台

為了和甲板庭院區隔氣氛，在邊境上堆砌磚塊牆。周圍栽植吊花、利休梅、板谷楓等雜木，以及羊齒、紫金牛、春蘭、白雪罌粟等下草。

在四照花樹下放置鳥澡盆，種植聖誕、紫羅蘭、棗吾等耐日蔭植物。

1 裝飾稀有的陶瓷器製品五重塔，強調和風品味。
2 裝飾在磚牆上的大葉玉簪造型浮雕。
3 置放在樹叢中的鶴鳥銅像。庭院充滿探索的樂趣。
4 有訪客時，會在手提油燈座上點燃蠟燭相迎。

屋頂陽台＋蔓性玫瑰

兼具掩飾效果又美觀的樓台玫瑰屏風

東京都　根岸務先生的庭院

經營藥局的根岸先生家，位於八王子市的中心街。屬鋼筋水泥結構，一樓是藥局，二、三樓是住宅。

在光線良好的三樓設置樓上陽台和日光室。並把日光室和起居室廚房相連，形成一個開放性的大空間。

不過，卻非常介意從周圍的大廈可一覽無遺樓台和日光室。因此，在樓台中設置植栽方格，栽種蔓性玫瑰，形成綠色屏風。施工委託奧肯帕凱特公司的加藤先生。

植栽方格是寬約5ｍ、高40㎝、縱長40㎝的L字形。加藤先生栽植皮耶爾・杜・隆沙爾、巴黎耶卡塔・波絡尼、依夢・拉比耶、巴隆・奇洛・杜・蘭、露・非利普等會開粉紅、紅色或紫紅色花的蔓性玫瑰。

而且在樓台的格子架柵欄上裝置粗格子的鐵絲網（用鐵絲編成約10㎝正方的格子籬笆），誘引蔓性玫瑰。形成漂亮的綠色屏風。

蔓性玫瑰開花後的新芽會茂盛成長，若放置不理會過度繁茂而很難處理。

所以根岸先生也委託加藤先生管理，每年冬天進行整枝、剪定和誘引作業，保持清爽的形狀。

DATA

樓台面積／16m²
樓台位置／三樓的南側。
設計、施工／奧肯帕凱特公司
竣工／2000年

加藤先生說：「植栽方格的土壤有限，所以栽植蔓性玫瑰時，株間要保持約50cm栽植為宜」。

栽植半日照也可成長的木香玫瑰來做樓台的頂蓋

根岸先生的家，二樓也有個樓台。寬4ｍ、縱長1ｍ80㎝，不過日照不好「任何植物都無法栽植」，因此放棄培育植物。經過和加藤先生商量後，認為「木香玫瑰可能沒問題」。於是，建造可以誘引藤蔓的藤架，栽

引導在陽台柵欄的爬蔓薔薇，
形成美麗的屏蔽供人欣賞。

種半日照也能開花的木香玫瑰。

經過6年之後，木香玫瑰的藤蔓已茂盛覆蓋藤架，開花時，抬頭即可欣賞美麗的白色頂蓋。能夠順利成長的理由是藤架加高，日照變好，葉片接觸到陽光所致。

根岸先生在開始開花時，就在藤架下擺放一塊粗圓木當作椅子，抬頭觀賞頂蓋，他非常高興「屋頂陽台能夠重生」。

1 藤架的柱子釘上橫板，即可遮掩來自隔壁大樓的視線。
2 從藤架成長出來的藤蔓，也為三樓的窗邊做裝飾。
3 栽植在植栽方格的2株木香玫瑰。

露台＋藤架

藤架附設長凳，可在蔓性玫瑰和綠蔭下休憩，猶如隱居屋的露台庭院

東京都 M・H先生的庭院

H先生家的露台在前院的一角，佈滿樹齡很大的垂枝梅和楓樹的枝椏。

H先生說：「好喜歡蔓性玫瑰，故打算在庭院設置環繞著玫瑰的休憩場所。恰巧有人送我數根長約3m的枕木，故想當桌子活用。世代相傳的樹木必須保留，期待擁有一個英國氣氛的庭院。於是，我邊翻閱各種玫瑰書籍，邊向設計師表達我的想法」。

接受設計、施工委託的大工先生的建議，建造一個圍繞著蔓性玫瑰和樹木植栽的隱居般露台。

大工先生說：「對照枕木桌子的直線，想設置附加長凳，且是曲線造型的藤架露台。」

露台的開口部，是斜向面對著兼具出入口的玫瑰拱門門扉，在這裡也栽植雜木類。

這些雜木也可遮掩車子進出時，來自道路行人的視線。露台是圍繞三方的設計，故也可眺望庭院四季的風景。

藤架裡面花朵盛開。藍色蘭布拉是不帶刺方便整理的蔓性玫瑰。在半日陰下會綻開帶著青色的花朵，相當漂亮。

描繪著直徑3.2m半圓形的藤架，外周大約5m、高約2.5m。格子架纖細又簡潔，所以雖大型但沒有壓迫感。

在樹木和構造物所形成的日陰下，栽種繡球花和紫萼。並豎立方尖架（obelisk）讓繡球花的藤蔓攀爬。

在藤架背側的枕木猶如森林小徑般有趣。埋設枕木的兩旁植栽，是採用葉比花重要的組合。

唯恐土壤裸露不雅觀，所以花壇裡密植植物。預定邊觀察邊做間拔。中央的是柏葉繡球花。

露台的入口是寬1.4m、高2.5m的訂做拱門。攀爬著香氣好，會開大小白花的蔓性玫瑰。地板是鋪磚塊和礫石來產生變化。

DATA

用地面積／990m²
庭院面積／330m²
庭院位置／沿著國道的高台。從大門可連續看到車庫和前院。
設計、施工／AOYAMA木工
竣工／2005年

活用JR拋售的超過3m枕木製作桌子，且以該桌子作為決定露台大小的基準。把有美麗萊姆綠葉片的赤槐栽種在露台中央，取代遮陽傘。

在木製的支柱上誘引蔓性玫瑰「希望」和會開粉紅杯狀花的灌木玫瑰「洛普利塔」兩種玫瑰。巧妙組合深淺的粉紅色。

露台＋蔓性玫瑰

能在玫瑰環繞下休閒的停車場邊小露台

東京都　柿澤和子女士的庭院

柿澤女士住在幽靜的住宅街，面對道路的外牆，覆蓋著美麗的蔓性玫瑰相當引人注目。每當開花季節，常有道路的行人詢問「這是什麼玫瑰啊！」。

和子女士說：「從很久以前就會把玫瑰誘引到拱門或門柱等來欣賞，但真正學習栽植玫瑰和誘引技術是在6年前。」當時是委託建造玫瑰庭院專家奧肯帕凱特公司來建造玫瑰籬笆。

「但我最滿意的場所是這個小露台」，和子女士邊說邊帶領我們從停車場旁邊進入後院。

一邊是木板籬笆，另一邊是起居室和餐廳，兩邊所圍繞的寬約3m的空間，是一個日照不怎麼好的場所，所以為了避免形成泥濘時不便使用，加以鋪設磚塊。沐浴在穿過樹梢的柔和日光，和附近友人在此一起喝茶，據說這是和子女士最喜歡的時光。

走出露台仰望，窗邊正盛開的是純白色的「夏雪」、右上盛開的是「波爾斯．喜馬拉雅．慕斯庫」。

DATA

用地面積／130m²
露台面積／28m²
庭院位置／從車庫進出的後院。
設計、施工／奧肯帕凱特公司
竣工／2000年3月

露台的全景。雖是被建物和籬笆所夾住的狹長空間，但卻是個可享受柔和日光和清爽微風的舒適休憩場所，滿意度百分百。

露台＋草坪＋長凳＋藤架

在露台前的大草坪上設置長凳和藤架，充分享受籠罩綠意的戶外生活。

東京都　立田征治先生的庭院

立田先生的庭院，是從和起居室連接的露台可以進出的後院。從外面進來時，是利用車庫後面的便門。

穿過這道便門，會突然在眼前出現一片寬廣的草坪空間。周邊佈滿四照花和松樹的大樹枝椏，還能眺望野鳥群聚在大株野茉莉的模樣，瞬間讓人忘記這是接近都會中心的庭院。

過著繁忙生活的事業家立田先生，能夠讓他鬆口氣的地方就是這個能在假日獲得休閒時光的庭院。

為了品嚐猶如戶外的生活，在建造該住宅時，就一併在起居室前面設置寬大的露台。

立田先生說：「從以前就有草坪，可說是個和風庭院。但周圍栽種許多的常綠樹，所以庭院不太明亮。」於是，逐漸減少草坪周圍的樹叢或茶花等常綠樹，改設置玫瑰和花草類的花壇。

在整理庭院的空檔，就坐在擺放在草坪邊緣的椅子，細細品味四季的變化。

連接起居室變成L字形的露台，是和建築住宅時同時存在的。由於和起居室相同高度，所以進出方便，成為寶貴的戶外生活空間。

玫瑰花壇的下方，栽植三色堇、山堇、蔓性日日春、山梗菜、金魚草等春天花草，為庭院增加美麗色彩。

這是四照花盛開的五月初旬。立田先生精心栽培的花壇玫瑰也開始冒出新芽。

掛在野茉莉上的鳥巢箱，住著白臉山雀，今年已孵出2隻雛鳥。

長凳和藤架。兩側以左右對稱方式擺放木製花槽，栽種季節花草（山堇）。

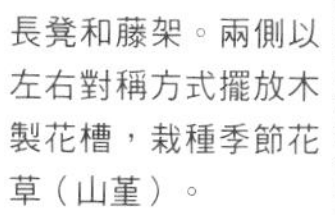

DATA

用地面積／320m²
露台面積／10m²
庭院位置／被L字形建物包圍的南側庭院。
協助／My Garden Works

有露台或甲板的庭院，最適合搭配綠蔭樹、花木和合植盆栽

1　採用以纖細樹枝為特徵的野茉莉當作綠蔭樹的露台庭院。（造庭者：加藤MANABU）
2　在鋪磚的圓形露台上配置桌椅。擺放在長凳上的三色堇盆栽，正在演出期待已久的春趣。
3　由刺槐、日本蓮香樹、柏葉繡球花、羊齒等有厚度的植栽所構成的自然風露台。（造庭者：加藤MANABU）
4　被美麗西洋結縷草和白樺樹叢包圍著的露台，看起來猶如北海道的露台。

能在有花草、樹木的庭院，和親朋好友歡聚，可豐富我們的生活。

在庭院設置露台或甲板之後，勢必要栽種能夠形成樹蔭的綠蔭樹，或者能平和心境的樹木。

能形成綠蔭的樹木　為了防範夏季強烈陽光或西曬所栽植的樹木稱為綠蔭樹。一般會使用夏季樹葉會繁茂成長形成樹蔭，冬天會落葉不至於遮擋陽光的落葉樹。主要的種類有四照花、夏椿、楓樹、櫸葉槭、刺槐、日本蓮香樹、小楢、紅花橡樹、野茉莉等。

遮蔽用的樹木　為了能舒適使用露台或甲板，除了製造樹蔭外，遮蔽來自外面的視線確保隱私也很重要。所以可栽植樹木來取代圍牆，阻擋外來的窺視。

必須遮蔽的位置，多半使用樹葉會通年茂盛的常綠樹。然而只栽種長綠樹又略嫌單調，故可適度混栽有色彩或紅葉的落葉樹。主要的常綠樹有細葉冬青、青栲、光葉石楠、丹桂、赤葉桂花等。落葉樹有柳樹、夏椿、四照花等。

另外，在眾多喬木的周圍栽植灌木，可保持整體平衡。若能在最前方栽植多年草本植物等來呈現層次感更理想。

欠缺栽植樹木的空間時，可活用格子架誘引蔓性植物，也可遮蔽外來視線。主要的蔓性植物有定家葛、子午蓮、貫月忍冬、白花茄、馬茶花等。

裝飾露台的合植盆栽　為了裝飾露台或甲板，值得推薦的是合植盆栽。

排列眾多的小盆栽，不如裝飾少數的合植大盆栽，更有引人注目的效果。

而且在選購花器時，要選擇即使不栽種植物也適合搭配露台或甲板氣氛的類型，即可當作視覺重點。

甲板、露台的基本素材和作法

Lesson 1

高崎康隆＋本田奈緒子／高崎設計室

甲板和露台是打造戶外起居室舞台時不可或缺的設備。直接躺在甲板上午睡，在設置桌椅的露台上喝茶聊天，裝飾培育花草的盆栽等，在「庭院的時間」更多了。另外，以觀賞為目的的庭院，因甲板和露台需要配合各種狀況成為「展示場地」，所以「背景」也是庭園的重要因素。

甲板

甲板庭院的模式

甲板庭院的模式可區分為「走廊甲板」和「舞台甲板」兩種。亦即，有連接建物設置的方式，以及離開建物設置的方式。

過去木造住宅所附設的走廊，除了具有採光和換氣的生活環境機能外，偶而也成為和鄰居友人進行走廊閒聊的場所，或者和室外大自然接觸，或者沒有特別目的的隨性利用等，所以也具備擴大生活範圍的機能。

現代的「走廊甲板」則會設置桌椅，或設置防曬的遮陽篷取代屋簷，或是改變成玻璃的日光室等，變化成符合現代住宅型態的模式。

另外，過去日本住宅，有的會在離開主屋的場所另建「別館」。把「別館」當作從事嗜好的房間或書房、隱居室等，視為第二個家使用。

而和家分離設置的「舞台甲板」就類似這種意義，或是充當園藝工作場所，或是加裝烤肉爐當作室外派對的舞台…。

而且本身也是個景點，讓戶外生活更加豐富。

甲板和素材

耐腐朽的素材有扁柏、檜木、栗樹等，另外屬於栗樹材的枕木也是耐用性高的珍貴品。

而且扁柏、檜木也是不怕白蟻的素材。雖然落葉松也是耐用性高的木材，但因容易變形，所以必須確實乾燥後才使用。

赤腳步行觸感佳的素材以扁柏、檜木具代表性。雖然杉木也是觸感佳的木材，但耐用性差，必須透過塗裝來改善。

若想提高耐用持久性，扁柏、檜木也可施行塗裝。

適合穿鞋直接行走的素材有柳安樹、菩提樹等外國產材，耐用性高、比重也重，另有其個別特徵。依種類有其固有尺寸，請向出售廠商確認。

同時，施工者有時會有其擅長使用的種類，所以若要指定素材，務必尋找擅長使用的業者。

連接甲板的建物室內若是木板地板時，甲板的顏色、尺寸、鋪裝方向務必配合為基本。

若是連接和室建造，把苦竹或乾

配合室內地板高度設置的甲板，會使室內外產生連續性，有擴大空間的效果。（設計、監工／高崎設計室）

設置包圍甲板和甲板的竹籬笆，點綴水景、花草來演出華麗感。

讓蔓性植物攀爬在甲板的藤架上面，享受穿透樹葉縫隙的陽光。

把甲板設置成比庭院高，展開別有格調的室外空間。

竹一根根直接排列，即能實現風情萬種的甲板。

一般而言，甲板材為了防腐、防霉、防蟲等，都會事先施行藥劑處理，但因有些藥劑對人體或環境的影響極大，故要選擇經過藥劑種類或處理確認的商品，努力確保安全性。

另外，中古的枕木，因過去為了提供鐵路使用，必然施行過大量木餾油的防腐處理，所以避免用在會和肌膚直接接觸的場所，或者有幼兒的家庭上。

甲板的高度（連接室內建造的情形）

甲板的高度接近室內地板高度的優點是具有從室內的連續性，範圍變寬敞，而且地板下可活用為收納空間等。

缺點是地板太高時，必須設置防止跌倒的扶手，或為了掩飾地板下方，必須在地面栽種一些花草等景觀。

反之，甲板高度接近地面的情形，其優缺點剛好和上述相反。

由於各有優劣，所以請配合狀況抉擇，基本上以如何使用，當作什麼使用來決定「甲板庭院的高度」。

想直接坐在甲板的話，適合接近室內地板高度的高位型態。想在甲板置放椅子的話，則適合採用接近地面的低位型態較有穩定感。

另外因為斜坡地等用地高度的限制，也有設置比室內地板高，實現別具個性的戶外起居室的情形。

甲板材目錄

材木名	科名	產地	主要用途	特徵
檜木	檜木科	本洲中部～九洲	甲板、外裝材	具乾燥性、有獨特香氣
杉木	杉木科	北海道～九洲	甲板、戶外窄走廊	廉價、柔軟腳部觸感佳
扁柏	檜木科	青森、能登	甲板	不怕發霉和白蟻
美洲杉	檜木科	北美西部	甲板	易加工、耐氣候性
南美紫薇	紫薇科	中南美～熱帶美洲	甲板	易加工、耐用性高
花旗松	松科	北美～加拿大，墨西哥	甲板	具耐用性和強度
柳安	龍膽香科	澳洲	甲板、枕木	含有防蟲、防腐性高的尤加利成分
栗樹	山毛櫸科	北海道～九洲	甲板、枕木	重硬、具耐水性
美洲扁柏	檜木科	北美	甲板、家具	具耐水性、耐用性，易加工

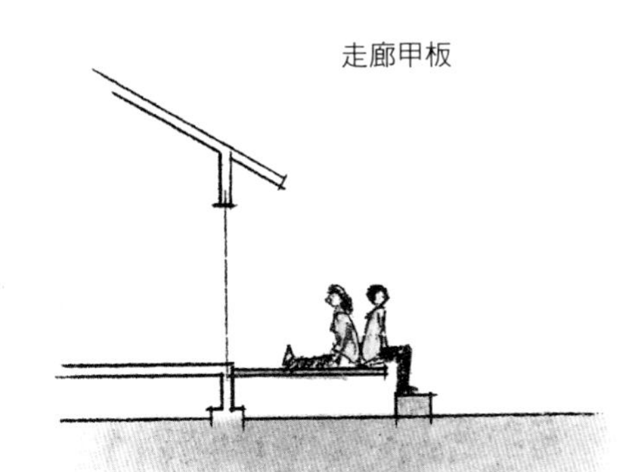
走廊甲板

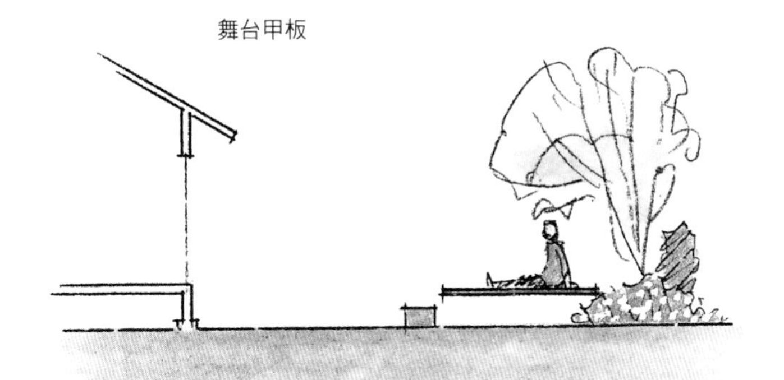
舞台甲板

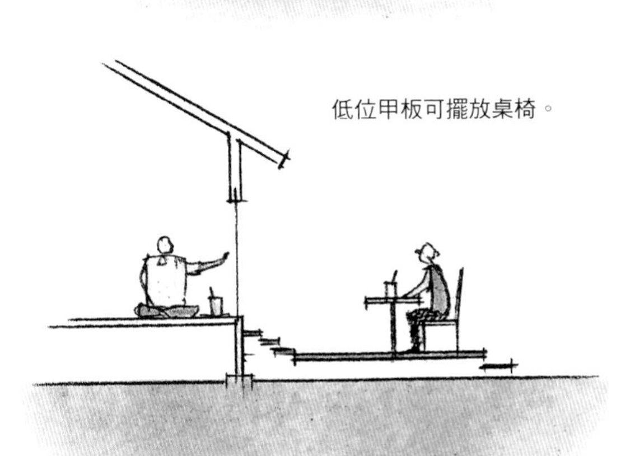
低位甲板可擺放桌椅。

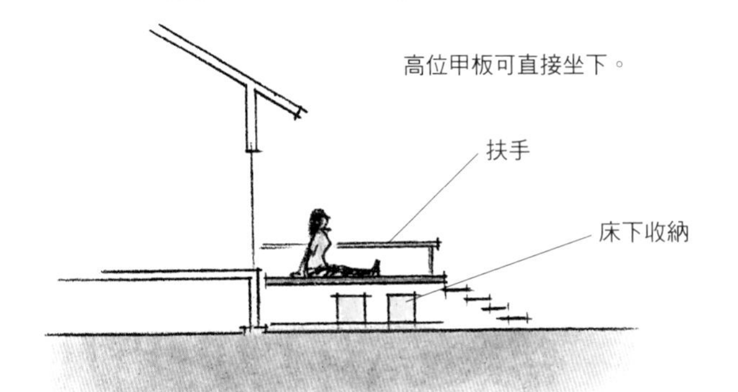

高位甲板可直接坐下。

露台

露台庭院的模式

露台庭院的模式和甲板庭院一樣，依據設置場所分為「附屬露台」和「舞台露台」兩種。亦即分為連接建物設置的方式和離開建物設置的方式。

露台和素材

建造露台的素材，一般是使用鋪貼用的天然石或者切石、磁磚、磚塊等。

把未經加工的天然石板加以排列鋪貼，稱為「隨意貼」，其中日本產的丹波石或鐵平石因具有圓弧形邊緣，表情較柔和。

外國產的粘板岩或沙岩因邊緣銳利，故表情較搶眼，而且還有色調較摩登等多種特徵。

當作切石使用的大理石，或者凝灰岩的大谷石等也因具有獨特風味，而成為受歡迎的庭院素材，不過其本身是耐用性差且容易風化的素材，故必須瞭解特徵來選用。

磚塊的吸水率高容易長青苔，所以不適用在潮濕場所。

在西班牙中庭常可見到鋪排小礫石的馬賽克露台，雖然造型相當可愛，但易滑要注意。同為馬賽克露台，在中國有鋪瓦的方式，展現獨特風味。

但瓦片的耐用性不高，不適用在人們經常踩踏活動的場所。

使用美麗小礫石時，也常使用「洗石子」的施工方式。雖然通常是用灰泥來凝固，但也有用合成樹脂來固定的方法。後者屬於透水性。

樹脂也有好幾種類，其中壓克力樹脂的是1液施工法，由於不用混合2液，施工較為簡單，而且也具有施工後不變色，柔軟性高等優點。

露台上混合使用石材和枕木等木材，再用灰泥加以固定的例子也常見。

可是要避免併用耐用性差異大的素材為宜。同時也要顧及將來的改造來選用素材。

用堅固的柵欄圍住，設置有淋浴設備的寵物露台。（設計、施工／相模庭苑）

捷克哥特瓦爾夫石風（Gottwaldov stone）的混凝土製品。施工簡單，成品也很自然。（設計、施工／杉山薰）

組合2種類的石材，讓空間產生節奏感。（設計、監工／高崎設計室）

在離開建物的場所設置露台。

橡膠製的磁磚，耐水性強又容易維持。而且安全性高。（設計、施工／杉山薰）

天然石的隨意貼和混泥土的洗石子，讓露台和通道產生曖昧的美感。（設計、監工／高崎設計室）

露台的形狀

適合露台的素材

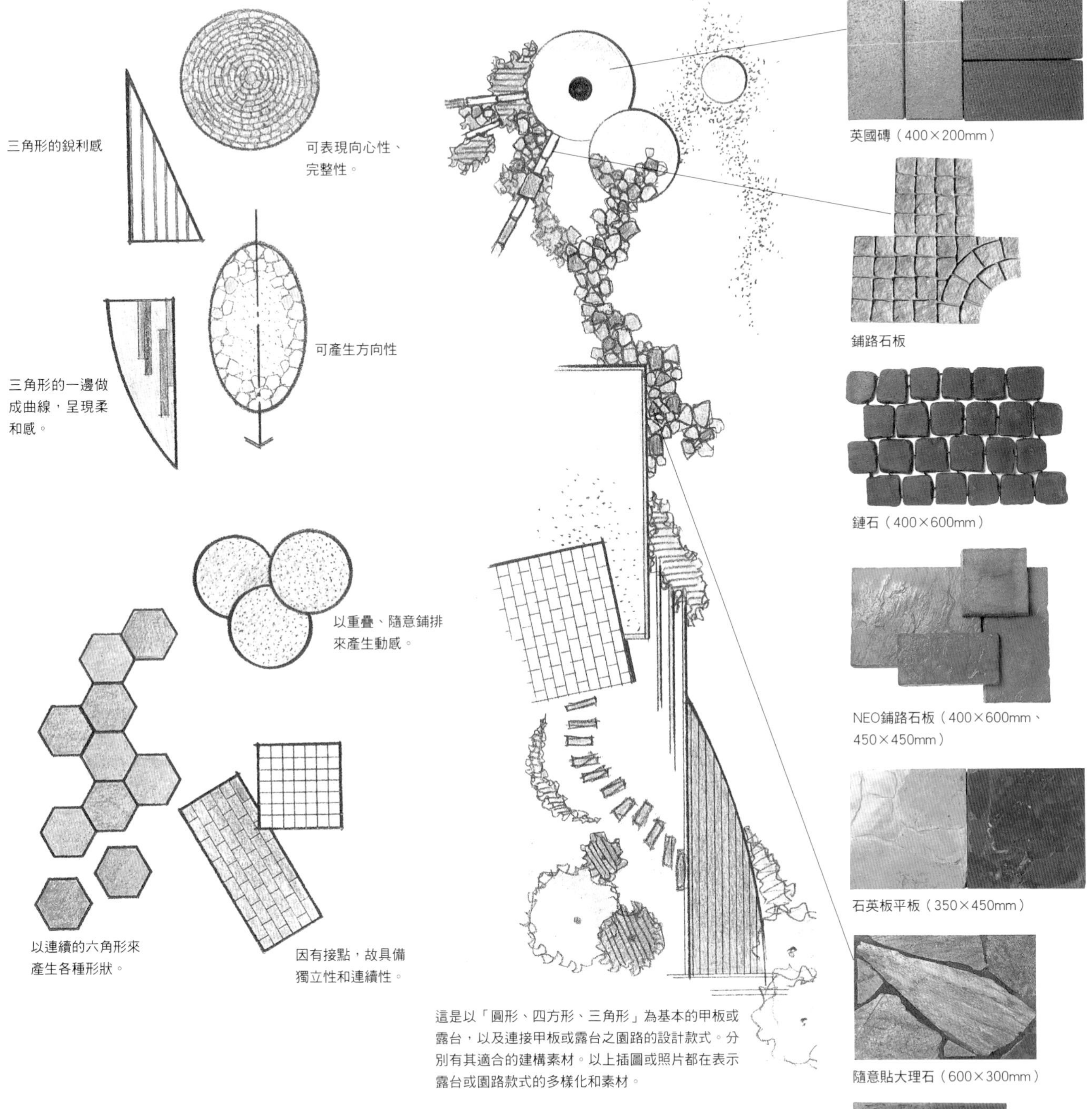

這是以「圓形、四方形、三角形」為基本的甲板或露台，以及連接甲板或露台之園路的設計款式。分別有其適合的建構素材。以上插圖或照片都在表示露台或園路款式的多樣化和素材。

塔斯馬尼亞磚（230×230mm）

先依據自己想要的氣氛、用地形狀來決定基本形，然後再分別選擇適合的素材，這也是決定設計款式的方式之一。平面設計的基本有圓形、四方形、三角形和自由曲線。一般傾向以直線來產生緊張感，以自由曲線來展現悠閒和喜遊之心。圓形象徵完整性，也有向心性或放射性。四方形比圓形感覺僵硬。而四方形中的正方形和圓形一樣具有完整性，三角形則比四方形感覺尖銳，適合較具震撼的氣氛。因此，若把這些形狀適當組合，用園路加以連結，也能決定空間的氣氛和情境。但相反的，若要講究素材的話，則要選擇該素材的形狀才行。

甲板&露台的設置場所

納入庭院就便利的室外起居室

有人認為在小庭院中納入甲板或露台，肯定變得更窄小，其實若能巧妙設置，反而會富有變化，或產生深度、立體感，變得更加寬敞（模型照片1）。

同時，無法獲得日照的向北庭院，可藉由露台設計獲取造型和明亮感。

「房間和庭院都能寬一點該多好啊！」有這種抱怨的人，建議你依據室內地板高度，設置把房間和庭院融合一起的甲板庭院。那麼就能產生內外一體的空間，無論景觀和機能也更充實。

另外，為了有效呈現植栽計畫，當作背景的甲板或露台也能有效應用。

感覺「庭院寬敞縱然不錯，但似乎欠缺些什麼」時，即可考慮以景色為主角的方式來納入甲板或露台（模型照片1、2）。

甲板的特徵

甲板（deck）原本是指船上的甲板。雖只是船上的有限空間，卻能帶給生活不小的開放感和潤澤。

至於在庭院設計上，甲板是指從地面浮高建造的鋪木板空間。可以直接坐下、躺下使用，也可擺放桌子使用。一般會依據和室內地板的高度關係，來決定素材和浮高的高度。

露台的特徵

露台是指平坦鋪裝的場所，起源據說是為了在義大利庭園般有高低差的用地上有平坦的場所，用來享受戶外生活。

因此，原本有「階、壇」的意思，不過庭園設計上並不顧及這點，通常會擺放庭院家具，當作「戶外活動的鋪裝空間」來使用。也可充當景觀要素，成為庭院裡的主角。

甲板的設置場所

甲板的設置分為和室內連續的情形，以及和建物分開獨立存在庭園內的情形。

前者設置的位置，除了相當過去日本家屋普遍具備的戶外窄走廊（模型照片3）外，其他以配置在L字型（模型照片4）或ㄇ字型（模型照片5）建物中形成所謂的中庭情況最具代表性，也有較高的設置效果。

同時，除了可在一個建物前方設置外，也可圍繞在建物外圍，以從外側連結房間和房間的方式來設置，有效產生靈活的動線和造型（模具照片6）。

在西部片裡的美國住宅等，往往在面對道路的玄關前面一帶會有甲板，而且常會出現演員坐在甲板上椅子聊天產生劇情的橋段。

●模型照片1

●模型照片2

●模型照片3

●模型照片7

●模型照片6

●模型照片4

●模型照片8

●模型照片5

把這種屋前甲板設置在日本都會住宅中也能獲得各種優點。

或是當作道路和玄關的緩衝空間，成為培養溝通機會的場所；或是當作積極設計的空間，都是值得研討的要素。

尤其是道路和玄關高低差較大的場合，還可製造有趣的生活空間（模型照片7）。而且這樣的屋前空間還能充當車庫，並可大膽在車庫頂上鋪設甲板（模型照片8）。同時成為商品化的模式已經普遍，所以預算也容易編列。

至於和屋前庭院相反的屋後庭院，特別是日照差的空間，還是能有效設置甲板。

在花草困難成長的場所設置甲板，活用盆栽或水景來演出滋潤感，再裝置照明設備，結果陰暗反成了優勢。

若是屋前庭院，別把通道單純視為通道，可大膽組合寬大的露台，建造景觀有趣又具備正統戶外起居室機能的場所（模型照片9）。設計成兼備停車場的大露台也是個好點子。

雖然甲板的設置場所是以和建物關係來做說明，然而室內地板較低的時候，則可考慮直接轉換成露台。

另外，建物的屋頂上也可成為甲板或露台的設計展現場所（模型照片10）。

露台的設置場所

露台能展示設計款式，所以是鋪裝石材或洗石子等優質素材活躍的場所，通常設置在庭院的重要位置。

同時可和牆壁、格子架、桌椅等一起組合，構成庭院的主角。

沒有充分時間可以管理草坪、花草的家庭，設置露台雖然需要較高的工程費，但可減少管理費，只要少量的花草就能有不錯的裝飾效果。

●模型照片10

●模型照片9

甲板&露台的構造和表面修飾

甲板的構造

甲板的基本構造是從接地面依序往上是礫石基礎＋短柱墊石＋短柱＋楞木＋托樑＋木板。

但這些都可配合狀況和設計意圖加以單純化。如果設置高度較低時，就無須短柱。也有楞木和托樑兼用的情形。

若使用枕木般粗大的素材，則不僅可當構造材，也可當作修飾材，故可誇張地直接鋪設在地面來完成甲板（正確來說是露台）。

若構造複雜感覺不雅或者鋪板太薄感覺寒酸時，可在周圍加裝圍板。

露台的構造

從接地面往上依序是礫石基礎＋土間混凝土＋安裝用灰泥＋修飾材。但和甲板一樣，可配合狀況加以單純化。

例如稱為「peiping」的規格化平板狀石板等，只要礫石基礎上鋪沙，然後加以排列即可。

不僅省略混合水泥、沙和水的灰泥作業，修補上也容易，作業相當方便。

木板厚度和鋪設方式可決定甲板印象

木板可決定甲板的印象。所以透過木板的厚度、寬度和鋪設方向即能決定甲板氣氛。

木板雖然越厚越可成為堅固又豪華的甲板，然而不僅成本較高，有時為了和建物協調，反而採用較輕盈的種類較適合。

此外，若加厚木板可簡化構造的話，是有節省成本的好處。

由於在決定木板寬度和鋪設方向時，要顧及和建物、周邊設計取得協調，也由此決定構造方式，因此，務必把自己的想法正確地傳達給設計師才好。

斜向鋪設的情形，材料耗損會較大，工程較麻煩，成本較高。

原則上，板和板之間會有縫隙。縫隙越窄越美觀，但淋雨時木板會膨脹，嚴重時會龜裂。若縫隙太寬則容易有物品或灰塵掉落，外觀也較不漂亮。

靠修飾素材來決定露台印象

露台要配合修飾素材來詳細決定款式或尺寸是相當重要的。

鋪磁磚時，要正確計算磁磚的尺寸和縫隙寬度，儘量不要切割磁磚最佳。

和甲板一樣，斜向鋪設或曲線造型的材料耗損較大，不僅成本變高，也會產生無法整塊磁磚排列的不良結果，請注意。

若前提是預定隨著家人的成長日後改造庭院的非長期使用情形，或者地盤相當牢固的情形，基礎部分即不用建造過度，採用容易拆除的模式即可。

隨意貼的天然石材料，要大小合宜才耐看。首先配置較大塊的，整理出整體格調後再鋪小塊的。

如果用鐵鎚敲破來對準縫隙鋪裝，完成後整體會顯得呆板。所以不使用鐵鎚，能在最少切割方式下完成鋪裝天然石的師傅，才是達人。

此外，面積廣大時，可混合2種類的石材來變化顏色，也可創造百看不膩的圖案。

但由於天然石的厚度不平均，所以要調整安裝用灰泥的厚度來讓石材表面保持平坦。

縫隙的寬度越小越感覺整齊。縫隙大雖有粗獷的柔美感，但寬大的縫隙會給人馬虎的印象。當然依石材而異，但通常以1cm程度為標準。

甲板的構造

圍板
楞木
甲板木板
短柱
短柱墊石
托樑
礫石基礎

露台的構造

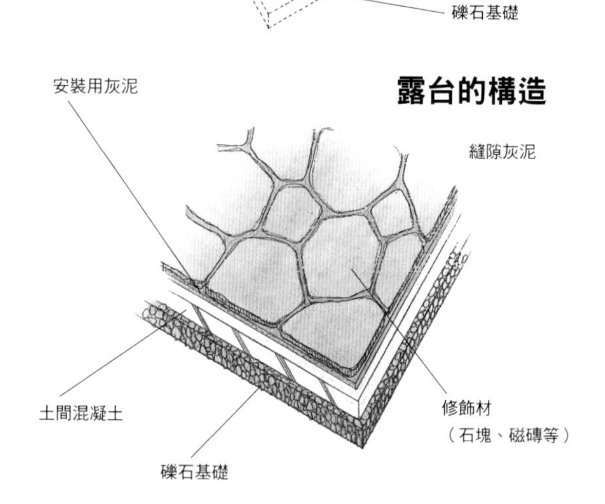

夢寐以求的

西洋鄉居
休閒生活

relaxation in western rural cottage

在通道側設置緩和的階梯，來喝茶的朋友可直接步上甲板。

01 千葉縣 關口 MITHU女士

西洋鄉居休閒生活．Santa Fe

用塗裝白色的葦簾來遮掩日曬，使白色甲板成為舒適的空間

「這是我自己親手打造的母親家園…」，造園會社烏地哈馬的橫濱先生帶領我參觀的是，靠近海水浴場的關口女士家。

「為了擁有類似海邊度假屋的明亮氣氛，所以採用橙紅色和白色為基調，建造這個Santa Fe風的家。配合明亮的氣氛，連庭院也打造成具備甲板的開放式庭院（註）」。

連接起居室所設置的甲板約有13m^2寬。邊端做成緩和的曲線，並塗裝白色。

旁邊圍繞使用質感柔美的Jolly pad材料塗裝的土牆式牆壁，形成猶如Santa Fe風的庭院。

橫濱先生說：「雖然有甲板，卻很少使用，因為日曬太強相當酷熱！」所以設置可覆蓋甲板的鐵製藤架，再覆蓋葦簾來遮陽。

「但為了搭配甲板的白色，所以葦簾也塗裝成白色。只是如此，葦簾搖身一變充滿西洋風呢！」。

DATA

用地面積／約330m^2
庭院面積／約160m^2
庭院位置／向南的屋前庭院。
設計、施工／烏地哈馬
竣工／2006年

relaxation in western rural cottage

以橙紅色和白色來統一的明亮甲板周圍。由於甲板和住家地板同高，所以可自在出入，連母親都相當滿意。

桌子和長凳配合身體嬌小的母親設計成小巧型態。至於較靠近庭院側的長凳，因唯恐阻礙觀賞風景視線，所以沒做靠背。

綠色草坪和鋪設紅色陶磚的大膽設計。栽種白樺、山桃、楊梅、楓樹等當作庭院裝飾重點。

註【開放式庭院】 指在住宅周邊不設置門扉或圍牆等加以圍住的庭院。在用地狹小的都會區，採用小牆壁來取代門扉，把通道和車庫一體化的設計款式越來越多。

因為空間小，所以除了長凳固定外，桌椅都採用可透視到背景的鐵條製品來避免感覺狹窄。

02 千葉縣 清田KAOLE女士的庭院

西洋鄉居休閒生活・普羅旺斯風的庭院

講究素材，採用舊磚、燒過的板材和法國瓦等所建造的南法風戶外起居室

在和空地的邊界上，特別設置有縫隙的素樸木造柵欄，演出鄉村風味的庭院。

藉由建造住宅的契機，決定打造個普羅旺斯風的家，所以清田女士從橫濱遷居到保有豐富天然景物的千葉縣鄉下。而且，由自己描繪住宅和庭院的藍圖，再交由建築會社RABBIT普羅旺斯。同時邊要求材料，邊自己參與簡單的工程，實現夢想已久的住宅和庭院。

清田女士精心設計的後院，成了一個設有休息場所和廚房的戶外起居室。面積約30㎡並不算大，但看起來卻像會從裡面走出穿著黑圍裙胖婆婆的南法風庭園。

重點的休息場所是豎立著燒過的柱子（註01），屋頂覆蓋法國瓦（註02）的小屋。其中有灰泥的牆壁，還有以壁面做為椅背的長凳。

廚房也一樣設置小屋。雖然只有舊磚做的流理台和作業台而已，但從樑上垂吊下來的煤油燈和堆積一旁的薪材，卻醞釀著純樸的氣氛。

施工之際，清田女士特別注意的是「一定要用原始素材」。

由於執著天然素材，所以瓦片使用法國瓦。其他素材也選擇磚塊、木頭、石頭等。

這些素材都是歷經越久歲月，越有古色古香的風情。

另外，在實際建造過程中，清田女士也很在意「表現手工製作的純樸韻味」。

因此，故意燒焦木頭表面來強調木紋，並稍微改變柱子的高度讓屋頂有些傾斜。

加上，為了讓狹窄的庭院看起來寬廣，設備都採用小尺寸類型。小屋也是手可觸摸到屋頂那般小巧，令人有如走進故事王國般充滿驚奇。

建造小屋和牆壁來遮掩視線。但只是圍牆稍嫌無趣，所以又設置固定式的長凳和壁龕。

relaxation in western rural cottage

註01【燒過的柱子】 把柱材表面燒出焦色，再用鐵刷等加以摩擦，讓木紋浮現來製造老舊感。要埋入土中時，若以燒焦狀態直接埋入，不僅防腐效果高，也較耐用。

註02【法國瓦】 法國屋頂所使用的瓦，會呈現獨特的圓弧形。要直接從南法等進口。

從建物到車庫都設計成普羅旺斯風的清田女士家外觀。橙紅色的建物和翠綠的黃金柏呈現漂亮的對比。

在庭院的喝茶時間是使用整套的古董茶具，純樸又溫馨。

這個拱門設置在前院通往後院的小路上。栽種開深粉紅色花的蔓性玫瑰「桃樂絲．巴金絲」來點綴。

relaxation in western rural cottage

註【珪藻土】 由植物性浮游生物的遺骸所堆積而成的土。由於小小的粒子中有無數個空氣層，所以具有調濕性、阻熱性、隔音性和除臭性等功能。

DATA

用地面積／230m²
庭院面積／20m²
庭院位置／後院。
設計／清田KAOLI
施工／RABBIT普羅旺斯
竣工／2000年

這是夾在用石頭和珪藻土（註）建造的壁面，以及素樸廚房之間的小路。鋪裝鐵平石和石磚，展現歐洲古老小徑的趣味性。

以鐵平石的流理台和磚造的作業台所組合而成的素樸廚房。隨意張望就能從橫板的縫隙看到草地，成為生動的借景。

在室內院子和起居室之間設置大型外推的玻璃門。室內院子大約有5個榻榻米大，但因可透視到旁邊的起居室，所以沒有狹窄感。

在庭院作業的空檔，會在室內院子裡吃簡單午餐。

relaxation in western rural cottage

鋪裝石板的露台周圍設置牆壁，成為通年都能舒適生活的室內院子

清田女士除了設置鄉村風氣氛的戶外起居室外，也在連接起居室的地方設置鋪裝天然石板的長方形露台。不過清田女士說：「夏天陽光直射或反射都相當酷熱，無法在此休憩」。

為此，改造成既可遮陽擋雨，又可防寒的室內院子。

和庭院一樣講究格調和素材的室內院子，天花板上有好幾根平行走向的裝飾樑，猶如古老的石砌民宅（參照右欄）。看起來像是非常正式的住宅。

使用灰泥和石塊砌成的中世紀風素樸牆壁

和外牆一樣，內牆也用石塊和珪藻土修飾。

在歐洲老街上常能見到夾在窄路上的石砌民宅。欣賞素樸又厚重的牆壁的清田女士，就在室內院子的牆壁上採用水泥固定鵝卵石的方法。

由於鵝卵石無法一個一個堆砌起來，所以設立斜向支柱，鋪裝基板。並貼上天然石塊和偽石，表面才用珪藻土修飾。

偽石用聚脂樹脂仿照天然石形狀製成，然後塗裝成正品的顏色，量輕又精巧。

珪藻土的牆壁也用色粉塗色，特地做成凹凸不平來凸顯手工味道。

室內院子的外牆。

石疊的地板，石塊和珪藻土的牆壁，平行配置在天花板的裝飾樑等，室內院子的裝潢都很講究。同時配置銅製的彩繪盤、老舊的提籃以及古董家具，完成不用脫鞋就可直接從庭院進入的起居室。

從起居室延續出來的甲板，是米山女士一家人最愛的場所。四照花提供了阻擋西曬的綠蔭。

03

東京都
米山NAOKO女士
的庭院

西洋鄉居休閒生活・歐洲風

和狗屋組合一起，在別緻圍牆內側展開的甲板庭院

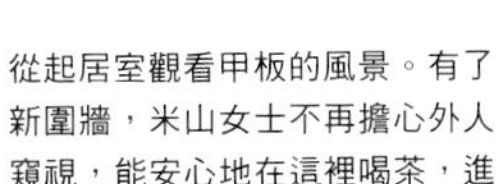

從起居室觀看甲板的風景。有了新圍牆，米山女士不再擔心外人窺視，能安心地在這裡喝茶，進行嗜好的手工藝。

令人聯想古歐洲建物的圍牆以及增建部分的外牆。停車場的地板是鋪古董磚。

從新設置的甲板觀看庭院的全景。儲藏室和狗屋形成一體化的獨特圍牆，引人矚目。

米山女士在參觀附近舉辦的開放式庭院時，見識到宛如西洋城堡般風格獨特的貓屋庭院。

米山女士說：「其設計款式相當有趣，圍繞著大松樹建造的貓屋，讓我一見鍾情！」為了自己的愛犬，她也考慮要擁有這樣的狗屋，因此馬上委託對方介紹施工貓屋的HUTS的荒川先生。

由於當時正在增建住宅，故希望把狗屋、儲藏室和圍牆組合一起建構。

荒川先生說：「米山女士從過去就非常喜歡有甲板的生活模式。因此，把增建的建物和過去的建物用甲板加以連結。」新設置的甲板是選擇耐用50年的堅固南美紫薇材。

和狗屋組合一起的掩飾牆先用鐵管做骨架，再用有色灰泥來完成水泥工程。

荒川先生高明仿古工程之①。雖從任何角度看起來都像是石砌一般，但其實是用灰泥修飾的。

仿古工程之②。看似灰泥斑駁一般，能修飾到這種程度，可說已達到藝術領域。

仿古工程之③。看似古代西洋的屋瓦，但其實是用鏝刀在灰泥上做造型的。

relaxation in western rural cottage

DATA

用地面積／240m²
甲板面積／約25m²
庭院位置／住宅南側（連接停車場的後院）。
設計、施工／HUTS（荒川豐）
竣工／2005年1月

S先生一直在思考如何有效應用空地。

剛好認識了提議把住宅和庭院統合一起的烏地哈馬的橫濱先生。據說曾在世界遊歷3年，精通手工建造住宅的橫濱先生，最擅長打破固有概念來建造舒適的空間。

S說：「交談中，我完全被橫濱先生的魅力所吸引…」因此，決定委託橫濱先生施工。

庭院的主題是配合嗜好登山的S夫婦，訂為「山間小屋風的賓館和雜木庭院」。

在支柱之間橫跨圓木，上面擺放木板的作業台。長凳是輪切圓木當腳，構成簡單的造型。

04 千葉縣 T・S先生的庭院

西洋鄉居休閒生活・露台庭院

因為嗜好登山，所以喜歡山間小屋風的賓館和被雜木包圍的露台庭院

用地有330m²。為了儘量配置自然雜木林，故把38m²的建坪和小平房式的賓館靠在道路旁，讓後院更加寬大。

並且，在後院密植以枹樹為主再搭配青栲的雜木，讓枝葉重疊到看不到鄰家的程度。把這裡變成山間樹林一般。

同時在賓館和雜木庭院之間設置露台。

大小約3m60cm×2m，採用石塊和混凝土的素樸結構。並從賓館延伸出屋簷，豎立舊木材的柱子支撐，蓋上不妨礙採光的透明聚碳酸酯（polycarbon）波浪板。

賓館為了營造古老穩重的氣氛，在用色粉著色的灰泥上加貼縱切兩半的圓木做修飾。

relaxation in western rural cottage

面對雜木林設置作業台。同時設置屋簷，故即使下雨天也可在露台休閒。

DATA

用地面積／330m²
庭院面積／230m²
庭院位置／後院。
設計、施工／烏地哈馬
竣工／2006年

浴室設置大窗戶，方便觀賞雜木林。從天窗射入光線，猶如露天浴室的感覺。浴槽是鋪鐵平石修飾。

這是賓館廚房的一腳。為了方便孩子的運動伙伴一起住宿這裡，廚房的設備也相當充實。

庭院裡完全沒有人工造型物，只有栽種枹樹和青栲的雜木林。令人期待，數年之後這裡會是個枝葉扶疏，宛如森林般的美麗園地。

象徵性添景物的各種演出

用古董磚堆砌牆壁，展現遺跡風的庭院。（島田女士的庭院／OCIA樂公司的作品）

鐵皮儲藏室，彩繪窗戶和板壁，變身成小屋風。（鹽澤先生的庭院／綠草公司的作品）

裝置1930年代的雙水槽和烤箱的甲板。（岡井女士的庭院）

庭院和室內裝潢一樣，會表現居住者的個性。

尤其是家人進餐或者招待朋友喝茶的露台或甲板，更是表現出個性的場所。

廢棄物的庭院　就像流行雜誌等有所謂的60年代流行特集一般，可收集象徵某時代的雜貨或日用品等來裝飾庭院。例如，聚集美國30年～60年前的日用品或雜貨的甲板（左下照片）雖然一件一件都是古老的日用品，但統合起來設計，會呈現猶如過去美國平民生活模式的獨特甲板庭院。

迷彩偽裝的庭院　設置在庭院的鐵皮儲藏室，是建造庭院時的障礙物，但是又無法拆除，有這種煩惱的人應該不少。

此際，建議你加以彩繪。如照片般畫成木造小屋，然後加裝鏡子，鏡子周圍畫門，就可完成迷彩偽裝的庭院。

遺跡風的庭院　埃及方尖碑、柱子、牆壁等你印象中的古歐洲遺跡，是建造庭院時最適合的結構物。

刻意做成缺角、破損也可表現古老風味。只是此際不要設置甲板，而應搭配鋪石塊的露台才能展現統合質感，感覺協調。

另外，再配置攀爬辟荔等蔓性植物的石像，將更有時代風味。

含有和風意境的

風情庭院

attractive garden with Japanese design

甲板+延段

三角形甲板和雁行形延段的組合，把狹窄的庭院變得漂亮又寬大

神奈川縣 K・H先生的庭院

玄關和停車的空間。停車場是以和延段相同的角度，鋪設混凝土地板。

剛蓋好新家的H先生希望擁有「以樹木、花草為主，可以襯托建物的庭院」，故委託造園會社湘南企劃工藝的野崎幸夫先生來建造庭院。

H先生家的庭院是寬約３ｍ、深度

attractive garden with japanese design

連接起居室的三角形甲板和延段。延段是用混凝土板、和瓦、花岡岩的磚塊和小石頭等設計造型的。

20m的細長型空間。

野崎先生認為：「若在這裡設置雜木林，很快就會因枝葉茂盛而感覺狹窄，連整理也困難。」所以提議改用適合搭配和風建物的優雅摩登和風庭院來取代栽植雜木。

庭院的主角是三角形的甲板和雁行形（註01）的延段（註02）。主要特徵是甲板和雁行形延段的角度完全吻合的嶄新設計手法。

「沿著三角形甲板，以Z字形設置延段的優點是不僅造型有趣，而且在散步中會不自覺地把視線朝下探索延段的前端。同時每個轉彎，眼前就會出現不同的植栽等，風景充滿變化。這會比直線的園路更有趣，也更有寬敞感」野崎先生這麼說。

為了緩和銳角帶來的緊張感，在延段上大膽使用混泥土板、小石頭與和瓦來反覆配置相同的圖案，而庭院內側則採用腳踏石（註03）來做變化，並演出輕快地點狀節奏。

接著又在延段和腳踏石的周圍栽植庭木或下草，讓視覺所及盡是優雅的風景。

註01【雁行形】 指雁在天空排列飛行的形狀。日本人自古喜歡這種形狀，常納入建築、橋樑的造型等。

註02【延段】 指在庭院中鋪設的石園路。將表面平坦的天然石或切石等，以固定路寬鋪設在園路一部份。目的在變化景觀。

註03【腳踏石】 指把表面平坦的石塊加以等間隔配置，成為可以在上面行走的通路，或者單指配置的石塊。

在和鄰家的邊界，設置高達160cm的板牆。從家裡望出，視線自然會降低到設計的地板面，而這麼高的板牆也充分發揮成為庭院背景的機能。

連接延段設置的腳踏石。一般是把石頭一個個配置，這裡為了考慮和延段取得協調，是把數個石頭聚成一處做配置來展現量感。

attractive garden with Japanese design

設在停車場的庭院出入口。無論搬運植栽植物或者進出打掃庭院都很方便。

只是小小的三角形甲板即把室內和庭院相連結

H太太說：「有了能從室內輕鬆進出的甲板之後，我竟然變得喜歡來庭院」。據說自從興建甲板後，H太太就常到庭院走動。

甲板是長邊約2m70cm，短邊約1m80cm的三角形。為能順暢從室內進出，把甲板的高度做成和起居室的地板一樣高。

又因甲板加高，能看到甲板以下的部分也多，有損美感，所以在甲板的周圍設置階梯，掩飾甲板下部。至於木板的鋪設方式也是採用有動感的斜貼法。

DATA

用地面積／約170m²
庭院面積／約60m²
庭院位置／夾於建物和鄰家之間，位於西側的細長型庭院。
設計、施工／湘南企劃工藝
竣工／2005年

打開庭院出入口的門扉，從停車場的部分地板延伸出庭院，接著是充滿變化的延段。可以觀賞到巧妙連續又調和的美麗景觀。

把和玄關和起居室連接的小庭院，改造成亞洲中庭風

埼玉縣 N・I女士的庭院

光庭

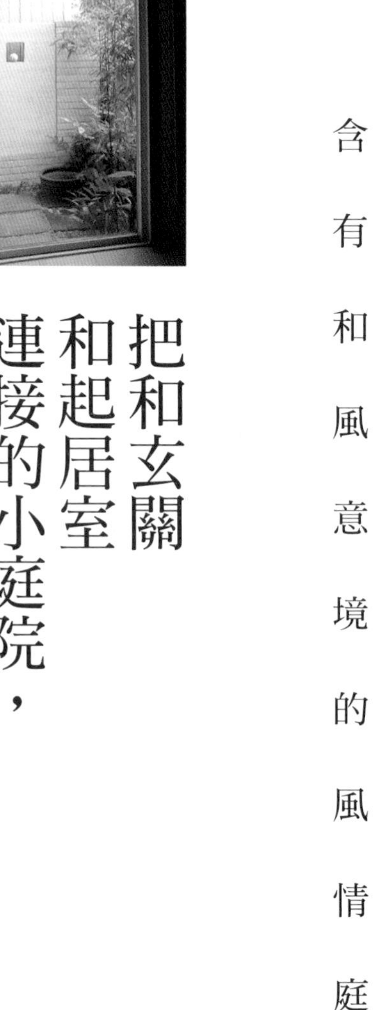

I女士在蓋新家時就一併建造可連接玄關和起居室的小庭院（光庭（註））。但她希望改造成「既能襯托裝潢，又能展現從室內延長般的庭院」，並委託THE SEASON的大熊一幸來施工。

光庭約有2個榻榻米大，幾乎沒有直射日光，所以提議打造非以植物為主的亞洲中庭風庭院。

為使玄關、起居室的採光更好，光庭的牆壁或地板都非常講究材質和顏色，儘量發揮從上射入的微弱光線。

開設四方窗的牆壁是貼會反射光線的手工製磁磚以及畫條紋的塗牆修飾。

地板為了柔化反射從頂上射入的光線，鋪裝鋪色的上海磚和礫石形成穩重色彩。

同時，裝飾散發亞洲氣氛的陶壺或水缽，栽植黑竹和耐半日陰的羊齒、珊瑚木，呈現沈穩風情。

I女士對設在玄關和起居室，能輕鬆觀賞到美麗風景的窗子相當滿意。「朋友說看到這個庭院就有癒療效果。」

地板配置45cm正方的上海磚以及鋪礫石。I女士說：「夜間點亮庭園燈時，更具穩重風情，能夠癒療心靈。」

DATA

光庭面積／3.3m²
光庭位置／位於玄關正面、起居室北側位置。
設計、施工／THE SEASON 國立店
竣工／2005年

註【光庭】 建築使用的術語，為使室內採光的庭院。在建物的正中央形成穿堂，或把面對北側的房間配置成ㄇ字形。穿堂的底下部份稱為「光庭」。

背景用竹席編織的圍牆來遮掩，顯得清爽。組合大小牆壁構成中庭風的光庭。庭院內栽植耐日陰的珊瑚木、麥門冬、羊齒、木賊和葉蘭。

鋪裝四方形磁磚的通道。利用裝飾植栽方格的緩和階梯做引導，進入玄關。

I家的正面。小窗、小柵門、門牌等全都以四方形為主題。

裝飾在小窗上的壺和置放在地板的水缽，在柔和的日照下更具存在感。

甲板＋草坪＋鋪礫石

在鋪礫石和草坪的素樸庭院中設置賞月甲板，享受漫長秋夜

東京都　尾高多惠女士的庭院

設置在甲板邊的竹製扶手別有一番韻味。由於通風良好，尾高女士說：「孩子提議夏天要在這裡搭蚊帳睡覺，一定很舒服」。

尾高女士家的庭院原本大部分覆蓋草坪，因整理草坪相當困難，故下決心改造庭院。

剛好在雜誌上發現造園會社草結設計的時髦和風庭院，對其作例一見鍾情的尾高女士馬上聯絡草結會社。並向負責人山上忠先生提出①想設置在雜誌上一見鍾情的「賞月甲板」、②採用和風的摩登設計款式、③不用費事管理的庭院等3個要求。

就這樣完成了現在的賞月甲板庭院。把日本傳統造園技巧之一的石庭要素當作該庭院的基礎。

把鋪礫石的部分視為海洋，並如島嶼般在其中配置草坪和小型植栽場所。然後在和草坪島對稱的位置設置賞月甲板。

賞月甲板是使用9片約半個榻榻米大的木條板，交互改變木條板方向組合而成的正方形。

猶如鋪琉球榻榻米一般充滿趣味性。為能安心地在此休閒，甲板採用低位只距離地面20cm。這裡不擺放桌椅，可直接坐下。

「因為視線變低，所以好像坐在室內一般感覺好安穩」，備受家人好評。

從起居室眺望的情景。鋪礫石、草坪和賞月甲板等構成庭院的主要要素都採用平面式設計，所以庭院給人寬敞的印象。

從甲板到立水栓之間，可沿著礫石地面來往，兼具到實用面。

attractive garden with japanese design

因礫石下有鋪設防草墊，故設置甲板後不會雜草橫生，庭院的整理也輕鬆。

利用植栽、立水栓和水缽等演出日本風情

坐在甲板眺望，因草坪、立水栓的配置相當均衡，所以景觀十分穩重祥和。

在浮現在礫石海的島嶼上，栽種青皮、野村楓、赤旃檀等雜木來點綴。而且在根際部分栽種芹葉太陽花、雲間草、堇菜花、蝦脊蘭等下草。

視覺焦點放在立水栓和石組接水器。把造型簡潔的圓筒形立水栓豎立在甲板旁邊，再以對比模式設置用石塊隨意組合的接水器。

接著為了方便夜間觀賞庭院，其旁邊又配置附帶照明設備的水鴨石石組，展現海邊的岩岸情景。

表示海洋風平浪靜的鋪礫石部分，尾高女士組合2個心愛的大水缽做裝飾。

水鴨石的石組裡附裝船舶用燈，成為庭園燈具。

用木板和竹子交互組合而成的風雅圍牆，將庭院襯托出獨特的摩登和風味。

把靠近賞月甲板的部分圍牆，做成屏風式的板牆，變化角落的氣氛。尾高女士在這裡栽種葡萄苗木誘引藤蔓，預定日後成為葡萄棚。

DATA

用地面積／200m²
庭院面積／60m²
庭院位置／後院。
設計、施工／草結
竣工／2006年

採納露壇和甲板的和風庭院

甲板原本是構成西洋庭園的要素，因為沒有屋頂，會受到風吹雨淋，又比地面高一層，故日本話用「露壇」來表示。

照片❶是在鋪礫石的園路旁設置的天然石露壇。

位於配置岬燈籠的庭院間，以竹穗束來區隔設置小露壇，並擺放長凳當作休憩位置。

照片❷是以溫和曲線設置可從起居室進出的甲板例子。夾著通道的對側，配置洗手盆、和瓦做的庭園燈以及杉木。

同時為了避免破壞和風的寧靜氣氛，使用竹籬笆圍住整理背景。

（❷）有甲板的摩登和風前院。（宮崎先生的庭院／山際夢創園作品）

（❶）有露壇和松明牆的庭院（新倉先生的庭院／L.A.D作品）

Lesson 2

建造庭院的預算和計畫

高崎康隆＋本田奈緒子／高崎設計室
＋杉山薰／杉山造園

建造庭院免不了要做預算。如何在有限的預算內實現家人的期望是件困難的事情。假如預算和計畫悖離太遠，訂立長期計畫，分為一期工程、二期工程來施工也是一種解決方案。同時，決定優先順位也很重要。是要注重素材感，或者注重整體造型，或者使用方便優先呢？務必擁有明確的方針。

建造庭院之前應該瞭解的造園ABC

Q 首先，要委託誰來建造庭院較妥當呢？庭園師、植木屋、造園會社、庭院景觀設計事務所等有什麼差異呢？

A 過去，住宅附近就會有「植木屋」，無論在田裡生產、管理植木，或者統包庭院工程、維護等造園事宜都接受委託，但現在已逐漸分業化。

專門生產植物的稱為「生產者」，專門承接工程的稱為「造園業者」。「造園會社」是屬於法人經營，通常規模不小，被認為能承包公用工程的會社。雖然也接受個人住宅等的委託，但此際配合需要，他們有立場使用「庭園師」或者「造園業者」來當下游包商。有時這些下游包商也會參與企畫、設計。

而專門從事設計工作的是「庭院景觀設計事務所」，但為數不多。相對的，兼具設計、施工能力的造園會社也可能有知名的企畫人員。因此，到底要委託給誰無法一概而論。

如果維護管理也是考慮項目的話，那就找附近的人或公司為宜。以觀察過去業績來判斷最確實。至於甲板工程，並非庭園師的業務，必須另請別的業者協助。

Q 庭院和外構有何不同呢？

A 所謂外構是指門扉、柵欄、圍牆、停車場等具備不同機能的專門建物，也包含植栽。

而庭院是指在柵欄中營造一個著重趣味性和鑑賞性的生活空間。比起外構，植物較多，桌椅等家具也是主角。

有關甲板和露台的工程，多半委託外構業者施工。

Q 和住宅一起建造庭院有何優缺點呢？應該如何委託施工呢？

A 能和建築和庭園企畫業者達成協議，實現協調的住宅環境，當然最理想。尤其是甲板和露台，務必和建物一起思考取得調和為要。

委託方法是首先和建築師或造屋業者商量造園事宜。另外，也可直接打電話找自己中意的庭院景觀設計會社，洽商是否能和建築師合作。由於彼此都是專業，所以問題較少。

其次，若和建屋工程一起造園，可以配合建築工程進度，使用其重型機器等或混凝土等共同資材來造

■造園的時間表

造園開始到完成期間，應該學習的重點。

你（發包者）		設計業者	施工者
想像、家庭會議、收集資訊（雜誌、西洋書籍、旅遊照片、調查）			
決定主題、模式，尋找設計業者。 要實際看過設計業者，所設計的庭院最確實。	▼		
委託設計業者 首先告知你的理想。溝通理解彼此的想法和喜好為要。	▼	和委託人見面。	
希望（設計、形狀、預算等） 也要在計畫上告知自己有多少管理時間和能力。		聆聽希望，並做現場調查。	
		製作圖面類、素描配置圖（完成假想圖）、估價單等。	
對計畫案的要求 確實確認在超過預算時希望項目的優先順位，以便決定方針。	▲	計畫案解說	

現場調查時要拍攝現況照片和平面圖。並聆聽發包者的意見。

園，實現不浪費資源的調度。同時要在狹窄場所搬入大樹，或者搬入重石，也不必加裝設施，也可抑制成本。這些都是優點。

缺點是建築工程需要搭鷹架，導致造園的施工範圍會受限，確認景觀結構較困難等。此外，若要求建物和庭院的竣工同時完成的話，會因植栽時期的限制而影響到適期的施工。

應該理解植物也是生物，也有其特殊性。

Q 改造庭院的優點為何？應該如何委託施工？

A 庭院需要隨著歲月經過成長。因為隨著家人的成長、家族結構的改變、周邊環境的變化，以及因樹木成長而改變的日照條件、景觀平衡等，庭院的印象會和當初大不相同。發生這種情形時，要仔細回想當初的構想，考慮應該保留現況的哪部分，或需要加添什麼來復活景觀。

然而，家人的想法不見得相同，可能難以達成共識。

若不滿意當初的庭院，就得尋找新的企畫業者。委託整頓保留部分和新增部分。但擁有甲板或露台的庭院改造，一旦更地就必須重新建造才行。

而且若執著留存紀念性植物時也往往會忽略到更重要的事項。若要移植高齡樹木時要顧及存活危機和昂貴成本。

使用石材等原有資材在傳承上也有重大意義，但必須和企畫業者商量活用法。如此才能建立有個性的設計款式。

Q 委託專家造園時必須具備什麼心態和準備事項呢？

A 最重要是要把自己瞭解的建地狀況告知業者。製作簡單的圖面，畫出既存的樹木、鄰家的窗戶位置、日照條件、雨後排水狀況，以及水管、電線配管、排水設施的地下結構等。

由於是自己的土地，所以應該充分掌握其狀況為宜。

同時要善用傳達工具。例如剪貼雜誌等也有效。

專家會以此意向和預算為基礎，把想法轉化成形狀，提出配置的樹木或庭院款式。所以製作簡單的圖面不僅可以整理條件，統合自己想法，還能有效把自己的想法傳達給設計者或施工者。

時期	內容	步驟	步驟
	設計業者向發包者提出幾個計畫案。把庭院的構想加以具體化。		提出修正案
	修正案的檢討 和想像不符時，就更換設計業者。	修正案解說	
	契約 由於常會發生糾紛，所以要以簡單形式寫成文章，並具備雙方簽章。	契約	
	施工者的要求 要仔細聆聽施工者的提案。不可一味以理想行事。	對施工者說明	現場協議
			動工
	聽取維護等的說明 因植栽大約在第3年就會有顯著成長。	簽訂合同文件	完成、交件。
完成後	**種花、掃除、管理** 偶而看看竣工時的照片，回憶當初的構想。	事後服務	維修
10年後	**大整修的希望** 考慮哪些是最重要的，別過度執著紀念性的植物。	整修協商	當場協議

透過素描配置圖或者透視圖等的立體圖面，檢討工作物和樹木的配置。

想像素描。思考能展現夜景或花開情境的素材。

造園經費的項目

想實現自己理想中的庭院到底需要多少費用呢？這是令大家都感到困擾的問題。但只要依據工程順序來考量即可瞭解。現在請邊參考前一頁的造園時間表或估價單邊思考吧！

認為「設計費是種免費服務」是錯誤的

完成一個庭院，需要許多人的參與。對這些人都必須支付人事費。所以雖常有人說「設計費是種免費服務」，然而這是錯誤的。如果施工者這麼說，就意味把設計費含蓋在雜費中。

為此，一開始就列有設計費的估價單較值得肯定。

設計、設計監理費通常佔總工程費的15％，但會因設計內容而大有差異。而且需要詳細畫出甲板或露台的庭院圖面和只要簡單草坪的庭院，其設計、監理費也不同。

至於設計費是否昂貴，我認為關鍵在結果的滿意度。如果完成的是唯獨該設計者才能做到的獨特款式，那麼也可視為是「藝術費」。

其實有不少人為了捨不得設計費，結果不僅整體不協調，也浪費了許多無謂的費用。

庭院設計的工作，是由設計和監理所構成的。設計作業的內容包括計畫地的調查、協議，然後確認想法製作提案書、製作預想素描圖、製作施公用的實施圖面，以及製作大概預算單（最後由施工者的估價單確認）。至於監理是指為了能按照設計想法完成，必須在現場對應施工者的詢問，並進行指示的作業。

有時也需要站在施工者從事工程的立場，為提案製作稱為施工圖的圖面。

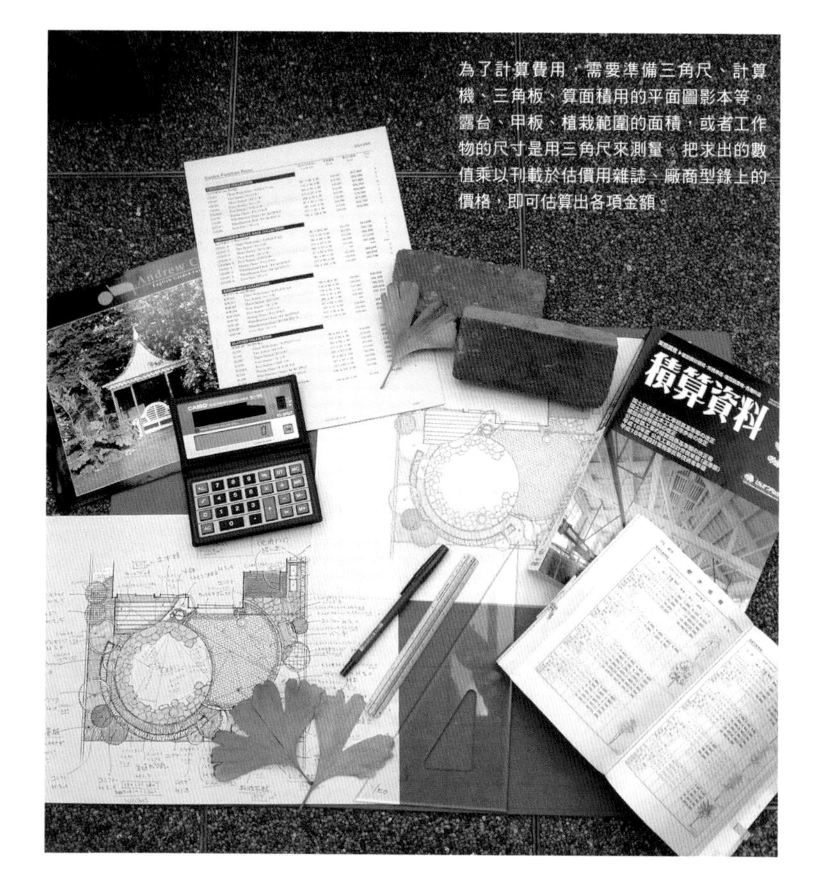

為了計算費用，需要準備三角尺、計算機、三角板、算面積用的平面圖影本等。露台、甲板、植栽範圍的面積，或者工作物的尺寸是用三角尺來測量。把求出的數值乘以刊載於估價用雜誌、廠商型錄上的價格，即可估算出各項金額。

看不見的部分也另有費用

完成後的庭院，能看見的部分有工作物或植栽。這些需要材料費和施工費。由於是「直接工程費」所以能輕易理解。

不過看不見的部分有時也需要大筆經費，例如需要改善植栽或工作的地基等。

若沒有考慮到拆除處理既存工作物或地基的費用，可能發生只能實現你一半希望的意外結果。另外，若因周邊住宅擁擠困難搬入材料，或者困難把大樹搬入中庭而需要租賃起重機等時也一樣需要費用。這些都是「直接經費」。

因此，也要估算交通費、材料搬運費、機器租賃費和材料損耗費。

雜費通常預估為工程費的10～30％

雜費雖然會因工程內容而異，但大約在10～30％的範圍內。其中包含事務所的維持費、協商鐘點費、「道路專用許可」的手續費等。

以上的設計費、工程費和雜費合併總稱為總工程費。

甲板和露台的預算會因緣邊處理方式而異

概略的預算，用單位面積（1㎡）的單價乘以整體面積即可簡單算出，但若考究緣邊處理的話就要另外計算。

這時候雖用每㎡的單價乘以緣邊長度即可，不過緣邊的單價會因材料和造型而有所不同。

何況有些甲板的造型和結構相當獨特。故建議採用結構單純，材料優質的模式。

費用一覽表和解說

<table>
<tr><td rowspan="14">總工程費</td><td rowspan="4">設計費</td><td>基本設計</td><td colspan="2">以屋主的希望和預算為基礎作概略的區域劃分（zoning），並把結構物、植栽的配置、模式、想像顏色等加以圖面化，進行工程費的預估。</td></tr>
<tr><td>實施設計</td><td colspan="2">基本設計經過檢討後，在個別要素中加入高、寬、數量、修飾素材、顏色等，表示更具體的數據和模式，製作實際施工可使用的平面圖、立面圖和詳細圖，同時製作更正確的估價和工程表。</td></tr>
<tr><td>設計監理</td><td colspan="2">又稱為現場監理，依據設計書確認有否正確施工，進行指示、指導。同時對天然形狀的樹木、石頭等的配置、擺放方向等圖面上沒有標記的部分進行監修。還要和施工者確認施工內容。</td></tr>
<tr><td>雜費</td><td colspan="2">包含前往公家機關代理申請業務或到現場監理所需要的交通燃料費用、事務所經費等。</td></tr>
<tr><td rowspan="10">施工費</td><td rowspan="9">直接工程費</td><td colspan="2">包括門扉、露台、花壇、植栽等完成後的看得見形狀的工程，以及挖掘改善地基、基礎工程、配管、配線等地下工程等。</td></tr>
<tr><td>拆卸工程</td><td>既存樹木的砍伐、移植，或者工作物的破壞拆除、搬移（包含地基）。</td></tr>
<tr><td>臨時工程</td><td>包括為了決定位置或高度的「水平儀裝置」，既存結構物的保護、維修、隔音、隔塵對策工程，臨時廁所、工程用垃圾箱、臨時通路或階梯等的設置，以及為了安全的障礙設施或保全人員的設置等。還有租賃機器的費用，工程前後收拾等的無形費用。</td></tr>
<tr><td>土木工程</td><td>興建結構物時需要地基處理工程。因此需要挖掘地基，部分回埋，多餘的要搬出處理。比道路高的住宅車庫或水池工程、剷平斜坡的工程有時需要擋土，所以大量挖土或填土的工程也需要費用。</td></tr>
<tr><td>設備工程</td><td>指有關排水、電力、照明等的工程，從電源、水源的導出開始，到末端機器的安裝、配管、配線、連接等為止。另外也要考慮中途可能需要安裝計時器、感應器、控制器、淨化機器等。</td></tr>
<tr><td>砌疊工程</td><td>使用磚塊、石頭、混凝土塊等建造牆壁、圍牆或擋土牆等垂直結構物的工程。也包含混凝土護牆工程。有時也併計表面的修飾工程。</td></tr>
<tr><td>鋪裝工程</td><td>通道、露台、園路或車庫地面等人們經常走動部分的工程。鋪裝工程常使用的素材有混凝土、磁磚、石板、枕木或堅硬木材等。</td></tr>
<tr><td>安裝工程</td><td>主要是指柵門、門扉、信箱、門牌或甲板等的成品安裝，但也包含藤架、拱門等其他裝飾物的安裝。
是可依據成品等級簡單調整成本的項目。</td></tr>
<tr><td>植栽工程</td><td>種植植物的工程包括栽種喬木、灌木、地被植物、花草和設置支柱等。還有土壤改良、既存樹木的移植、假植、剪定等作業。通常該費用會包含完成後1年內的枯萎補償準備金。</td></tr>
<tr><td>雜費</td><td colspan="2">製作施工圖的費用，往返現場、搬運資材等的交通費，也包括現場外的事務所經費、代辦業務手續費等。</td></tr>
</table>

A邸庭院的費用（參照128頁）

木板甲板
釣樟
水缽
立水栓
窗台
洗石子露台
木製藤架
玄關
盆栽
常綠金縷梅樹籬 H1.5
鏽色礫石
針葉樹H3.0
長凳
磁磚露台
橄欖H2.0
砌磚緣石
杉H3.0
椿H2.0
四照花H4.0
花壇、菜園
天然石隨意貼（丹波石）
紅花花瑞木 H3.0
木槿H1.8
合植灌木
馬目樹籬 H1.2
合植灌木（杜鵑、五月杜鵑、雪柳、姬溲疏、金絲桃）
針葉樹H2.0
針葉樹H3.0
木蘭H4.0
三葉杜鵑H1.8
紅色垂枝楓H3.0
厚皮香
金木樨H2.5
草坪
隨意貼天然石
盆栽
（H＝高m）

造園費用項目要依工程順序來思考

首先進行地下配管。A邸打算把立水栓的配管通過玻璃磚下面。裝置在門牆上的電鈴配線工程雖然是不包含在造園工程的其他電器工程，但由於要通過植栽地中，所以必須和電器行協商工程日期。

其次要進行門牆、門扉和藤架工程。這些分別以一式計算，合計材料費和設置費。

豎立工作物之後，接著進行鋪裝工程（露台工程）。

首先建造磚砌緣邊，其中貼磁磚。如A邸般的大面積，可用單價×面積算出。

同時，接近緣邊的部位，因要配合緣邊曲線切割磚塊，所以必須加算工資。

以本庭院而言，由於是單一曲線，所以可想像切割兩半的磚塊，兩邊都可使用，故增加的費用不會太多。但隨意貼的天然石，其材料費會反映在單價上，材料越好，單價越高。

甲板工程和圓形隨意貼天然石的露台有小部分重疊，但幾乎沒有影響，故哪方先施工均可。

最後是植栽工程和鋪礫石。植栽從喬木依序栽種。而栽植場所是從後側開始。

在A邸並無特別有問題的地方。鋪草坪是最後的作業，以本庭院來說，雖然連接天然石的部位會發生切割作業，但也不會增加太多成本。

超過預算時

整體估價算出後，若出現超過預算時，首要調整的要素是植栽。將喬木形狀降低一級（50cm或1m）看看！

其次是工作物，可以把藤架延後到2期工程中。雖然藤架有1根柱子需要打入鋪磚的地底下，但只要先做好基礎即可。

另外，長凳、水缽、花缽也可從工程預算中剔除。

露台鋪裝或甲板的材料、造型，都是困難更改的，而且會決定庭院印象，所以務必儘量確保品質。如果以上作法仍無法讓估價降到目標金額的話，可把部分鋪磚露台更改為混凝土鋪裝看看。

這和組合隨意貼天然石和草坪的設計同理。結果，不僅仍可品味磚塊的素材感，也可保留當初的想法，也是降低成本的一種方法。

閱讀估價單時，通常要邊和平面圖等對照，仔細確認形狀尺寸或數量等記載，檢查有無遺漏。

如果寫在備註欄等的素材種類或格式標示等有不充分或難懂的情

A邸的估價單

A邸（參照128頁）　造園工程　估價單　內容明細表

○○年○○月○○日製作

名稱	形狀尺寸（m）			數量	單位	單價（日圓）	金額（日圓）	備註
	H	W	C					
設備工程（材料＋施工費）								
木板甲板				3.5	m²	46,500	162,750	防腐劑塗布（天然木）
藤架	2.0	L:3.0		1	式	60,000	60,000	防腐劑塗布（天然木）
玄關前露台洗石子				2.2	m²	18,500	40,700	鏽色礫石
鋪磚塊				13.8	m²	25,500	351,900	含10m的緣石
鋪丹波石				10.7	m²	38,500	411,950	隨意貼
立水柱	1.0	0.2		1	式	42,000	42,000	枕木／柱 黃銅／水龍頭　包含排水工程
門牆	1.7	L:3.5		1	式	412,000	412,000	砌混凝土磚 用鏝刀塗牆
門扉	1.0	0.7		1	組	98,500	98,500	鋁鑄物製　雙開
門鈴、信箱				1	式	68,500	68,500	不含門鈴配線工程
設備工程　小計							**1,648,300**	
植栽工程								
六月莓（直立株）	3.0	1.5		1	株	35,000	35,000	
美國花瑞木（紅花）	3.0	1.5	0.15	1	棵	30,000	30,000	
四照花（直立株）	4.0	1.8		1	株	40,000	40,000	
木蘭	4.0	1.7	0.20	1	棵	30,000	30,000	
紅色垂枝楓	3.0	1.5	0.18	1	棵	30,000	30,000	
木槿	1.8	0.8		1	棵	4,500	4,500	
金木樨	2.5	0.8		1	棵	8,000	8,000	
厚皮香	2.5	1.5	0.18	1	棵	15,000	15,000	
椿	2.0	0.7		1	棵	8,000	8,000	
橄欖	2.0	0.7		1	棵	12,500	12,500	
常綠金縷梅（白花）（樹籬）	1.5	0.35	L:2.5	8	棵	4,000	32,000	樹籬3株／m使用
馬目（樹籬）	1.2	0.35	L:9.0	27	株	3,500	94,500	樹籬3株／m使用
三葉杜鵑	1.8	0.7		1	株	5,000	5,000	
藍天使（柏）	3.0	0.6		2	棵	10,000	20,000	
歐洲黃金柏	2.0	0.4		1	棵	7,000	7,000	
灌木（花灌木類）	0.3～0.6	0.3～0.5		50	株	1,000	50,000	4株／m²　栽種植栽
草坪				9.5	m²	1,500	14,250	含縫隙
植栽工事費				1	式	125,000	125,000	含防風支柱、樹籬支柱工程
植栽工程　小計							**560,750**	
其他								
長凳	0.9	0.7	D:0.66	1	把	58,000	58,000	木製
水缽	φ50cm			1	缽	17,000	17,000	石製
花缽	φ50cm			2	缽	18,000	36,000	陶製
窗框	0.25	L:1.3	D:0.25	1	缽	8,000	8,000	木製
鋪鏽色磚				1.8	m²	18,400	18,400	4袋／m²使用
花壇／菜園				7.2	m²	5,000	36,000	栽植花草、混合堆肥等
其他　小計							**173,400**	
直接工程費合計							2,382,450	
雜費				10	%		238,245	交通搬運費、機器折損費等
設計及工程監理費				15	%		357,368	
消費税				5	%		148,903	
合計							3,126,966	

（H＝高、W＝寬、C＝幹圍、L＝長、D＝深。單位＝m）

形，可要求提供型錄、樣品或樣品照片等。

估價單記載事項應該注意的點，除了內容明細外，還要清楚記載付款條件和有效期限。這些都是契約上的重要項目，故若未記載，就必須加以明確化。

依據項目別來檢查

從估價單中能輕鬆瞭解有關的工程和設計費用。依項目別區分為設備工程、植栽工程、其他、雜費、消費稅。

然後把各品目再區分形狀尺寸、數量、單價、金額來表示。雖然單價會因素材而大有差異，但本估價單是採用標準價格。

設備工程費包括材料費和施工費。A邸的設備工程有門牆、門扉（磚塊、石塊）等構成庭院骨架的製作費，可說是費用最高的項目。

本估價單的植栽工程項目，是把材料的植木價格、栽種工資和支柱工資分開記載。

但也有把每一棵植木的材料費＋栽種工資成為單價，以「材工」來表示的方式。這種方式較容易調整植栽的增減。

植木的價格，即使尺寸相同，也會因樹形的好壞或樹齡等而大有差異，務必注意。

而且植栽有保證1年內不枯萎的制度，所以一般都會內含這項費用。

植栽工程若遇到壞土壤時，必須使用土壤改良劑。加上有殘土或土地太低需要填土時，都需要增加整地費等。

樹木的形狀尺寸是H＝高、W＝寬、C＝幹圍（地面以上1.2m處），並以m來表示單位。此外，L是樹籬等的長度，D是表示深度。

植栽工程等無法細分數量，就以「1式」為單位。其他項目是有關花缽、長凳等的庭院裝飾品。

m²單價不包含外構工程

造園的成本也和建築一般，以「坪單價、m²單價」來計算。

純粹只要瞭解造園的m²單價時，通常不會包含門牆、門扉、柵欄等外構工程費來計算。

但由於A邸計畫上的門牆或門扉，都直接是庭院的重要構成要素，所以一併涵蓋計算，本庭院的m²單價是五萬二千日圓。

甲板&露台的庭院計畫

單獨使用的甲板和兩人共用的露台

甲板和露台的機能面，其基本差異在想要光腳行走或穿鞋行走。換言之，在於能否直接坐下、躺下的不同。

單獨使用的最小限度甲板，是可躺下的1片榻榻米大。想用枕木製作的話，需要4根。

但若想稍微寬裕，設計上較有甲板特徵時，則以1.8×1.8m程度為宜。

兩人可以一起喝茶的最小限度圓形露台是直徑3.0m程度。這樣的空間可以擺放一張桌子和兩把椅子。

常綠樹籬（青栲、血櫧等）

照明

隨意貼天然石露台：
7.0㎡

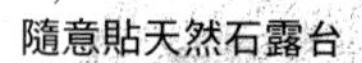

甲板（含砌石基礎）：
4.0㎡

合計:24萬日圓

有甲板的中庭

被三邊建物所包圍的小型中庭，其空間的設定多半是建商住宅規劃的。但因不會利用，結果常見閒置的例子。

理由是和室內地板有落差，無法看到地面，所以感覺不到這個空間所致。

在此，設置接近室內地板高度的甲板，讓甲板和室內的機能性和景觀融合一體，達到活用有效空間的目的。

另一方面，在這種中庭設置甲板也有缺點，那就是各家住宅會看到彼此的生活，無法確保隱私。本計畫是把甲板設置角度和建物的軸心錯開，產生植栽空間，讓整體空間出現變化和動感。

同時設置遮陽篷，把甲板和板牆構成一體。

甲板：11㎡（包含木製長凳、橋板）

合計:60萬日圓

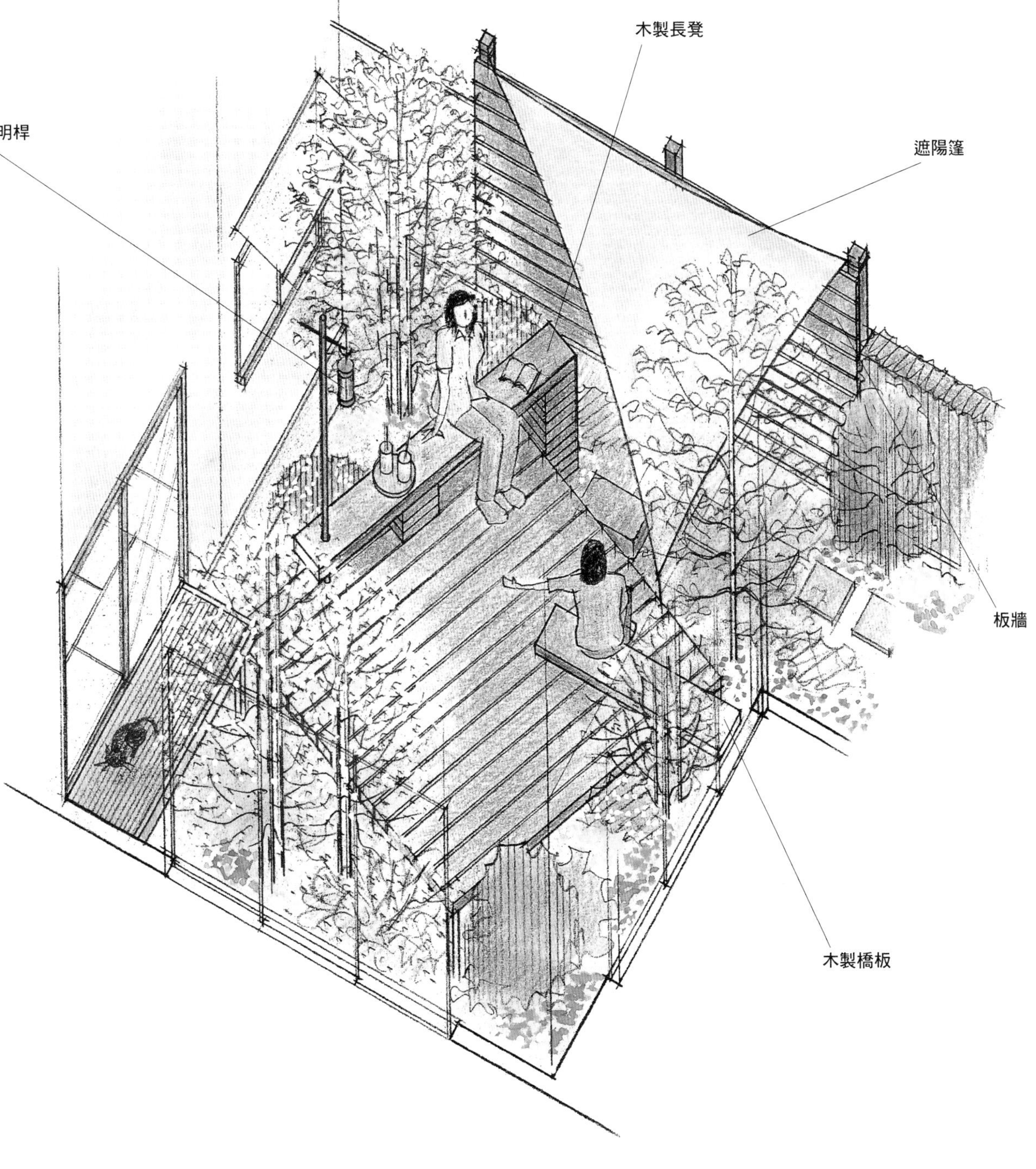

鋪石的院子

本計畫是適合被ㄇ字形建物所包圍的中庭的提案。應用被建物包圍的特性，利用壁面橫跨遮陽布。同時為了和室內演出一體感，在室外使用窗簾。

這對特別是都市住宅的中庭，更能發揮遮掩效果，也可為狹窄的都市生活環境帶來滋潤。

藉由更換覆蓋桌子的桌巾來變化空間的氣氛，可說是連接室內的院子所特有的利用型態。

插圖左側是洋式房間，右側是和室，前面是走廊。和室的前面設置竹子甲板。

雖然和室和洋式房間相對，但因兩者之間懸掛竹簾，故沒有不協調感。另外洋式房間的窗前也設置窗台，成為季節花草的表演空間。

鋪石露台：20㎡

合計:60萬日圓

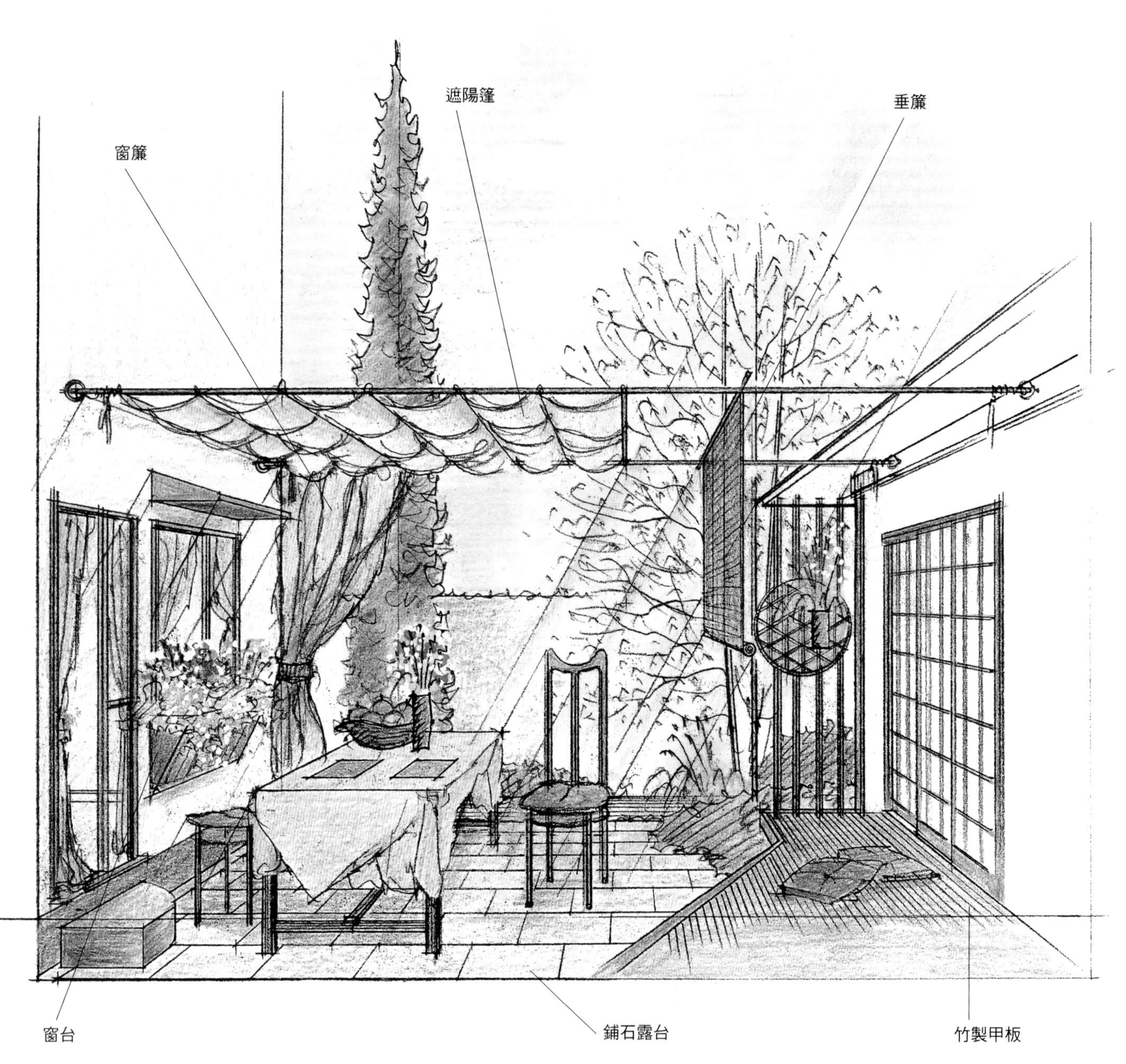

具備動感和變化的露台庭院

切石、平板或磁磚等露台素材應該如何鋪裝才好呢？這些素材的選擇會影響露台的設計。如果使用四角形素材，整體設計會產生固定的軸線，而軸線會讓庭院產生明顯的統一感，所以會配置添景物或植栽來製造變化和深度，這是一般庭院設計的過程。

對照這種一般的庭院設計，本計畫是提議利用多樣素材來實現具有時代動感的設計。把分別從洋房和和室所看到的景色，設計在以中心作放射狀的延長線上。並且製造高低差。

擺放椅子後側的露台上設置具有提高舞台性，同時兼當戶外起居室桌子用的石砌台。

石工程（石材不包含各種中古品、燈籠、石砌台、水缽等）
※鋪石露台是15m²
合計:70萬日圓

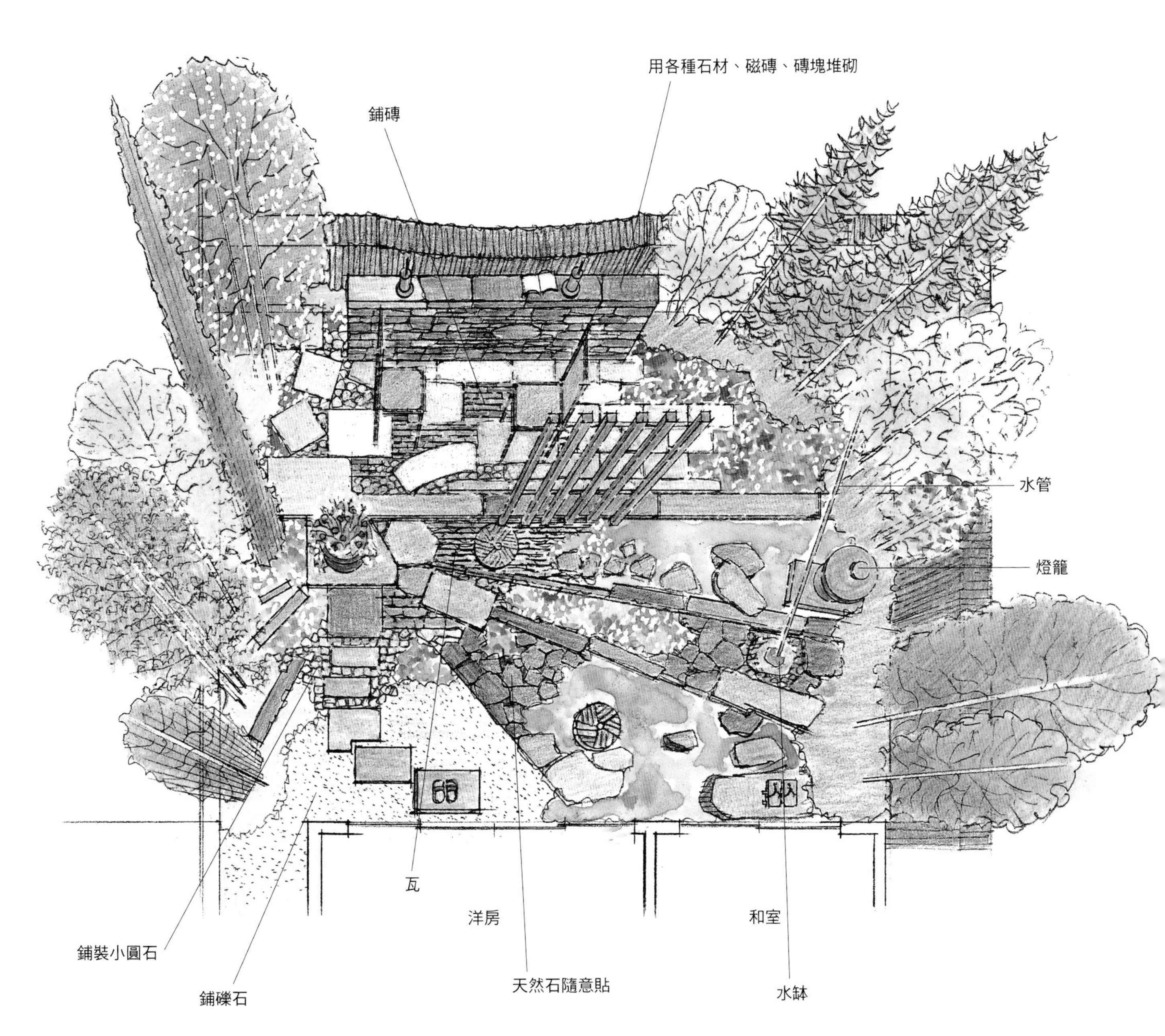

能享受園藝的露台&甲板庭院

進行庭院計畫時，常會使用分區規劃（zoning）的手法，例如把用地依據機能性劃分為門周邊、通道空間、主庭院、後院…般來做設計的方法。但要在有限用地上採取分區規劃的設計，會導致各個空間狹窄又無趣。

本計畫是提議一方面確保各個日常空間的機能，同時在設計上把整體統合成一體化。

故製作具備有深度和變化的景觀，並方便家庭派對時寬敞使用的庭院。

最大的特徵是從門到玄關為止的通道，大膽做成圓形的大露台。讓通道和露台融合成一體，舉行家庭派對時即能全面使用。

鋪磚的露台14㎡

合計:
35~50萬日圓

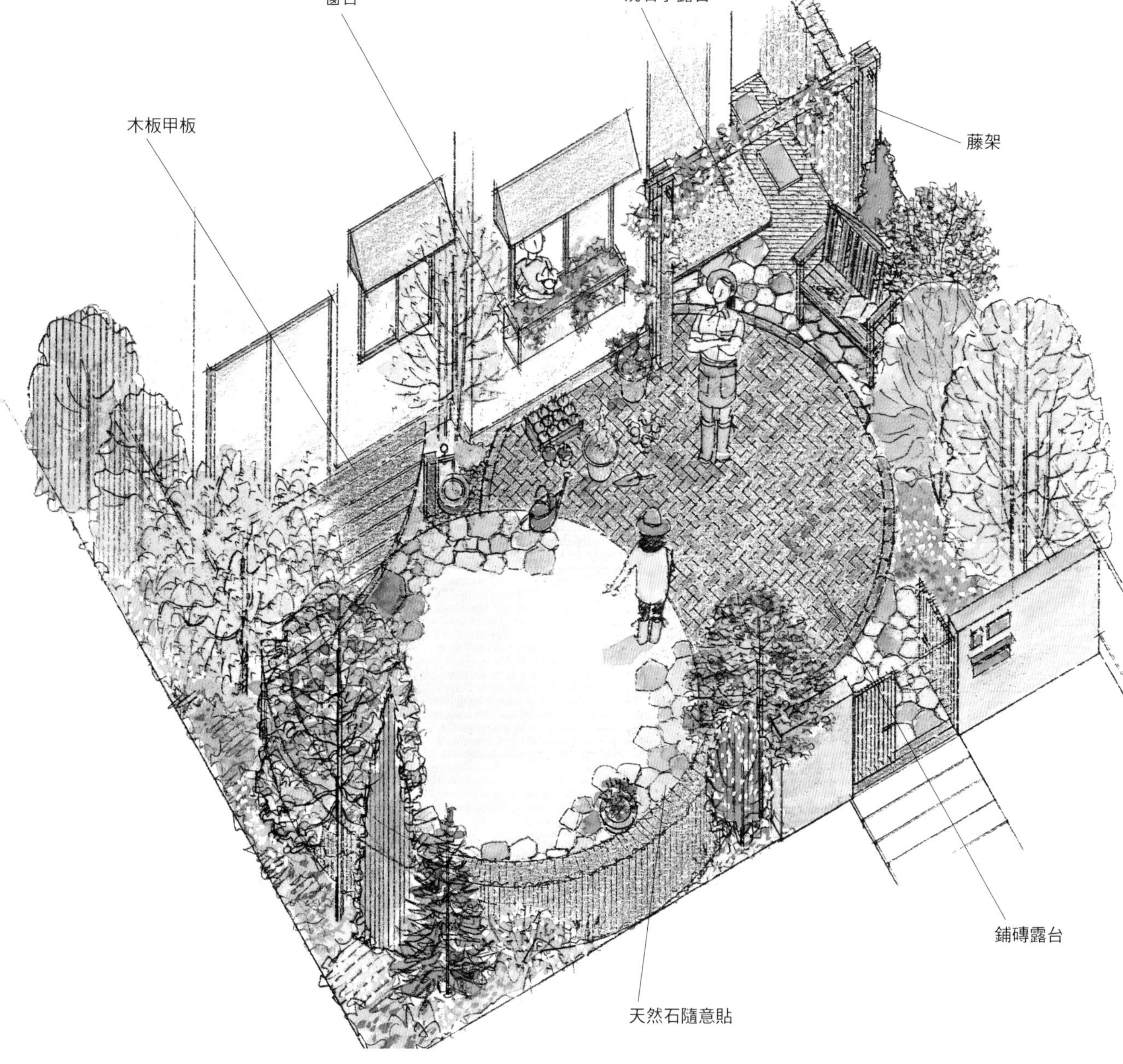

有烤肉爐和鞦韆的甲板庭院

用高低兩階段構成，可以直接坐下，也可當椅子，而且景觀上也充滿變化的甲板。

從甲板豎立柱子支撐樑，在樑的前端懸掛調整型掛勾，可自由升降烤肉爐。同時，在調整型掛勾的對側設置鞦韆。

低階甲板的部分做成沙坑，但加上蓋子就可成為整面的甲板。等孩子長大後，把沙換成土，即可變身為花壇。

低階甲板的兩邊還設置長凳，方便對應人數多的戶外派對。

烤肉時，負責烤肉的人多半覺得無聊，所以本計畫在烤肉爐的右側設置甲板，剛好形成甲板的人圍著爐子的狀態，所以大家可邊圍爐邊和烹調的人共享飲食和聊天的樂趣。

上層甲板：5㎡
下層甲板：10㎡

合計:60萬日圓

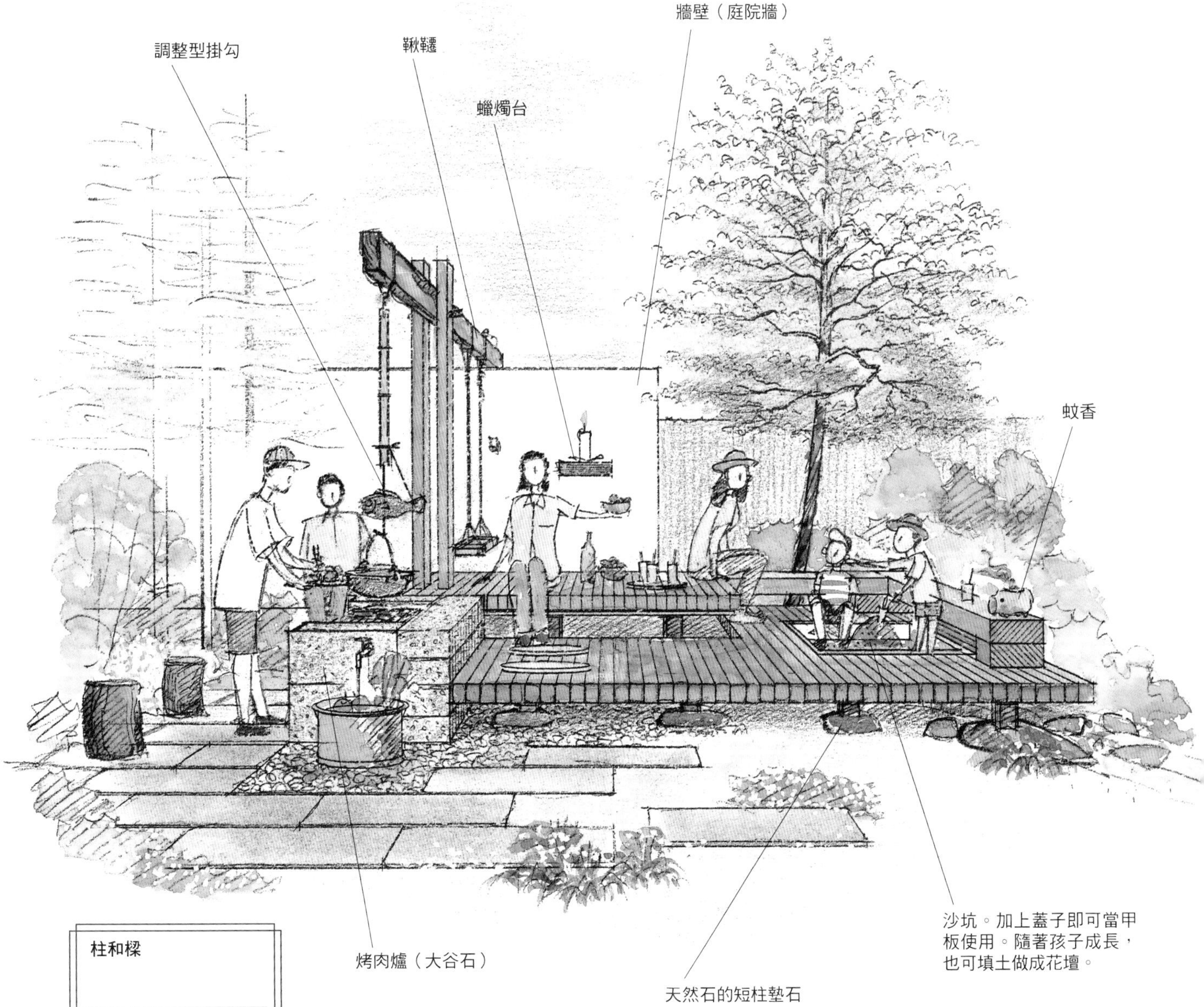

牆壁（庭院牆）
調整型掛勾
鞦韆
蠟燭台
蚊香
沙坑。加上蓋子即可當甲板使用。隨著孩子成長，也可填土做成花壇。
烤肉爐（大谷石）
天然石的短柱墊石

柱和樑

合計:30萬日圓

兼具停車空間的甲板屋前庭院

這是停車場和建物之間沒有緩衝用植栽空間的案例。

所以提議在兩者之間豎立木製屏風。而且把此屏風倒下即可成為甲板。同時，另一片屏風是用柱子為軸心的旋轉可動式類型，設法藉由甲板和木製屏風的組合，來產生多樣的使用模式。

連接甲板的露台，也可依據平板的排列模式來變化圖案。

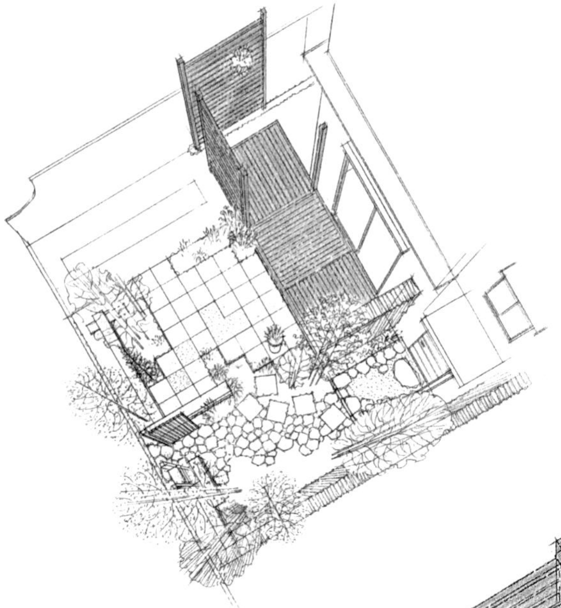

吊籃

甲板和5面屏風：16㎡
（包含柱子、裝置）

合計:90萬日圓

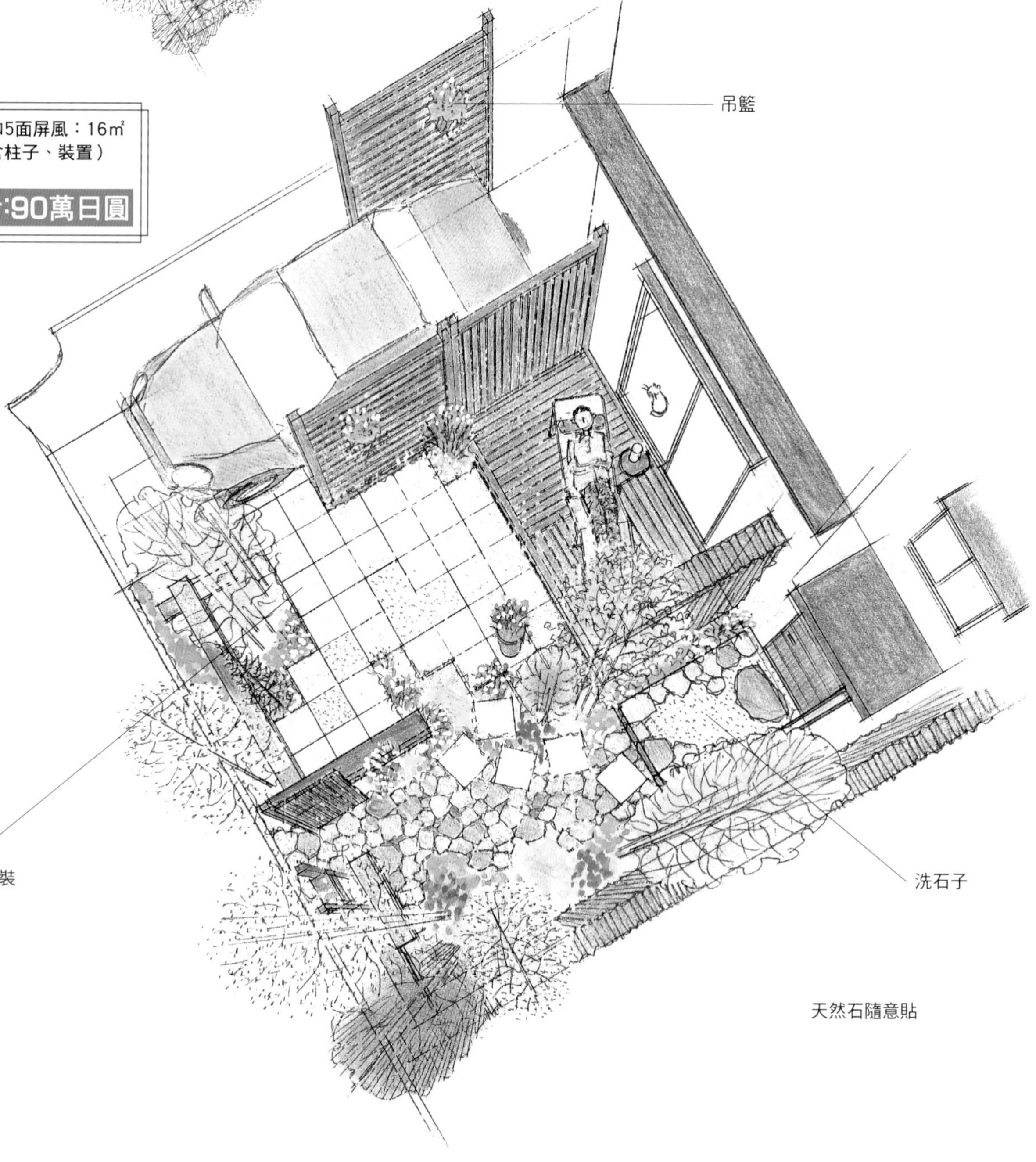

平板鋪裝

洗石子

天然石隨意貼

讓戶外起居室更舒適的設施

春天可眺望萌芽的樹木和花草，夏天可和親朋好友一起烤肉，秋天可聆聽風聲和蟲鳴，冬天可在聖誕裝飾點燃燭光舉行派對。

在戶外起居室可以感受到季節變化，豐富生活。

但是，由於在戶外，所以為了在此度過舒適的時光，必須利用各種裝置整頓環境。

日照強烈的庭院需要的設施有塗焦油的防水布、遮陽篷和遮陽傘。如果這些遮陽設施是能夠對應太陽位置移動的款式，那麼也能加長逗留庭院的時間。

必須遮掩來自外部視線的都會狹窄庭院，需要的設施可考慮牆壁、格子架、樹籬、甲板或露台等要素。

而方便人們在庭院進行思考、進餐、閱讀的庭園家具有椅子、長凳、桌子等。有孩子的家要裝置鞦韆才理想。

另外，對付戶外生活最大敵人的防蚊對策，必須具備蚊香、除蟲蠟燭、驅蟲植物天竺葵。有關防蚊的商品相當多，選擇上也充滿趣味性。

隨著孩子的成長和家人結構的變化，所需求的庭院空間結構也會改變。

而且，隨著歲月更替，樹木的成長、枯死也會改變庭院的模樣。因此，為能享受這樣的變化，必須持續思考庭院需要的設備，隨時為打造獨特的舒適空間而努力，這也是擁有戶外起居室的另類樂趣。

設置在甲板頂上的遮陽篷。日照強的夏天也能擁有舒適又充實的戶外生活。

●遮陽篷

遮陽篷、遮陽傘的支柱或固定用零件等，一開始就要納入計畫中，才能完成理想的景觀結構，絕對要避免事後追加工程，或在錯誤位置設置支柱、台座，或者露台面積不夠等事態。

攀爬蔓性植物的藤架可以製造綠蔭，從室內眺望庭院時，就猶如用綠色畫框裝飾的風景。而且也要決定綠蔭樹的位置和樹種，因為樹木的位置會影響庭院設計。

●牆壁

在庭院周圍設置混凝土牆或柵欄，雖可遮蔽外來的視線，不過同時也會破壞從庭院觀看的風景。故可用以牆壁為背景做出種種演出來增加空間深度。例如把主角的樹木或裝飾品用牆壁加以切割展現的畫框效果，即能讓庭院變成給人深刻印象的鑑賞空間。

設置能遮掩鄰家視線的牆壁。受到牆壁切割的針葉樹和枎移成為庭院的裝飾焦點。（設計、監理／高崎設計室）

●格子架

使用格子架或可以透光的素材來演出照明，這是只有夜間回家的人，才能在這樣的庭院享受悠閒時光。這裡的格子架不僅可以區隔空間，也有裝飾庭院中央的功能。

●藤架

都會庭院中，除了牆壁、格子架之外，藤架也具備遮擋來自上方視線的機能。此際，利用蔓性植物攀爬藤架，或懸掛吊籃做裝飾等，都能有效阻擋上方的窺視。

投影在格子架上的樹影會烘托氣氛，也可增加庭院的深度感。（設計、監理／鴻巣由紀子）

在花岡岩的石堆中組合石板長凳，醞釀出純樸的庭院氣氛。（設計、監理／上田徹、玄綜合設計）

在枕木的樑上，用繩子懸掛鞦韆。飄動的布幔和鞦韆演出屋頂庭園的開放感。（設計、施工／高崎設計室）

只是在露台擺放桌椅，馬上變身為第二起居室。在環繞著花草樹木的地方享受喝茶時間，讓日常生活倍感輕鬆。（設計、施工／加藤MANABU）

點綴長春藤，裝飾藤蔓的除蟲蠟燭。

●庭園家具

椅子、長凳、桌組的款式也會改變庭院氣氛。故庭園家具選擇首先選擇款式，在挑選搭配露台的素材較不會失敗。

例如，鐵製的庭園家具在石板或混凝土上移動時會發出堅硬的接觸聲音，令人不舒服。

●照明

若是以舉辦派對為目的的甲板或庭院，需要照亮全面程度的均衡照明。

若希望擁有寧靜的時間，則要降低照明亮度，或善加活用露營用提燈、優美的煤油燈。

如果甲板或露台是庭院的焦點時，選用能強調設計感的聚光燈最有效果。

此外，若想觀賞庭院象徵樹的開花景致，即要減少甲板或露台本身的照明，而提高照花的亮度。

●除蟲

戶外生活的最大敵人就是蚊子。故可在甲板或露台配置栽種菊等蚊蟲討厭之觀業植物的盆栽。mosquito blocker、天竺葵、除蟲

露營用的除蟲蠟燭是在彩色塗裝的小水桶中裝滿蠟而成。最近也推出手錶大小的防蚊器，但威力不及傳統的蚊香。

至於放置驅蚊蚊香的場所，如果能夠用心規劃，也可成為展現設計的地方。

寵物庭院

要和寵物一起生活的庭院，必須考慮寵物的視線和用品尺寸來能建造獨特的款式。

寵物庭院的庭院設備中不可或缺的沖腳用洗滌場所，只要裝置在壁面也可成為添景物。並用柵欄圍住寵物的遊戲空間，再攀爬蔓性植物裝飾，即能有效成為庭院的裝飾焦點。此際，應該發揮搭配建物造型的設計手法。

被常綠金縷梅所包圍的寵物庭院。陶製的添景物其實是狗兒的排尿柱。（設計、施工／杉山薫）

設置在陽台、樓台、屋頂上的

戶外起居室

outdoor living on the veranda,balcony and roof

樓台&甲板庭院●東京都 平剛俊先生的庭院

將樓台改造成有甲板的庭院，變成開放感的空間

設在樓下的小中庭。設置壁泉的空間，成為從浴室可眺望的華麗景觀。

1 餐廳前面的木製甲板，一年四季都被利用為家人團聚的場所。栽植在角落的是枝椏會延伸到藤架，並且會散發宜人香氣的白色木香玫瑰。

2 從起居室觀看的全景。從甲板沿著埋設枕木的園路，到達對側的餐廳為止，都能自由來去。

鋪石板的露台上設有黃銅製的噴泉。成為有效統合景觀的裝飾焦點。

從餐廳側觀看庭院的全景。在中央植栽方格中栽種齊墩果，其左邊栽種梣樹。因全面大量採用落葉樹，所以景觀十分明亮。

結束長年旅居英國的日子，回到東京自宅生活的平先生，已經對日本的生活環境感覺有些不習慣。

平先生說：「在英國住的是大房子，可以在寬廣的草坪庭院喝茶、喝啤酒。現在一回到家就感覺十分窄小。眼前就是前往最近車站的通勤道路。來到庭院一點也無法體會戶外生活的樂趣。」

因此，在重建住宅之際，希望也能擁有可以休閒的戶外室，所以委託知名樓房庭園施工業者東邦雷歐來建造庭院。

負責設計、規劃的堀川先生說：「和他們夫妻討論的結果是把連結二樓起居室和餐間之間的樓台部分做成庭院。我認為這不僅大大突破庭院必須設置在地面的固有觀念，也是都會住宅的有效應用手法。」

同時，也在天景物和植栽上費盡苦心，完成散發歐風氣息的優美樓台庭院。

DATA

用地面積／290m²
露台&甲板面積／35m²
庭院位置／連結起居室和餐廳的樓台。
設計、施工／東邦雷歐
竣工／2003年12月

1

2

張開白綠相間的遮陽篷，就能享受法國咖啡廳的意境。白木先生在此擺放不怕雨淋的義大利製桌椅，用來喝茶和進餐。

包圍樓台的花草花色統一為白色、粉紅色和藍色，展現典雅氣氛。

頂樓的樓台庭院●愛知縣　白木喬先生的庭院

利用美麗合植的花槽來布置樓台

白木先生的家是6樓公寓頂樓的樓中樓。旁邊有縱深3m、寬13m的頂樓樓台。

白木先生說：「建築公寓時，為了避免從上窺視下面住宅，保護個人隱私，決定在樓台上設置可栽種樹木的花槽來遮掩視線。」所以一共配置了9個寬90cm、深47cm、高45cm的混凝土製花槽，裡面栽種山茶花。

有段時間感覺這樣還蠻理想，但「4年前到英國旅行時，卻被其美麗庭院深深迷惑…」白木先生這麼說。

為了希望樓台更加舒適，在地板鋪人工草坪，將部分山茶花換植枝形較優美的櫸樹和櫸樹。

DATA

頂樓的樓台面積／39m²
樓台的位置／住宅的南側。
花槽的植栽／加藤MANBU
竣工／1986年

outdoor living on the veranda,balcony and roof

加藤先生提議在樓台的最內側配置一個大型盆栽，當作樓台的裝飾焦點。

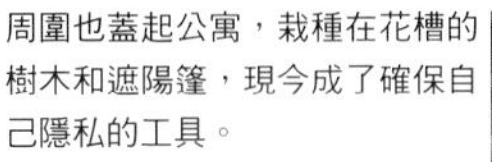

周圍也蓋起公寓，栽種在花槽的樹木和遮陽篷，現今成了確保自己隱私的工具。

1　栽種藍星花、藿香薊、翠蝶花、馬格麗特和白色玫瑰。構成以白色和藍色為基調的組合。
2　栽種英國鼠尾草、南非玄參和垂枝成長的鐵絲木等，構成粉紅色的組合。
3　栽種落新婦、小山菜、芹葉太陽花等，構成白色和紅紫色的組合。

同時在根際部分春天栽種三色堇，夏天栽種矮牽牛。但是白木先生說：「已經是花、花、花，整片都是花，然而看起來竟然一點也不生動！」因此，把花槽的植栽委託園藝家加藤MANABU先生。

加藤先生非常執著葉片的顏色、形狀和質感等，讓各種綠色形成優美的層次感。

結果以美麗的帶狀綠色來連結9個花槽，看起來相當融合。而且在綠色層次中點綴一小叢一小叢的紅色系或藍色系花，製造變化感。

美感大大提升的花槽，讓白木夫妻滿意萬分。擺放坐起來非常舒服的德國桌椅，就能在這美麗的樓台上享受休憩時光。

屋頂庭院●東京都 楠統一先生的庭院

把屋頂打造成可以享受烤肉、園藝的庭院

日照強烈的屋頂，遮陽設施相當重要。楠先生在可阻擋西曬的牆壁側設置甲板，並把蔓性植物黑莓誘引到藤架上。他期待趕快長大成為一大片的綠蔭。

使用栽培在庭院的檸檬香茅來沖泡香草茶。

甲板旁邊設置拱門誘引蔓性玫瑰。甲板周圍的植栽場所，後側栽植果樹、花木和香草植物等。

楠先生的家位於東京都中野區的住宅街。用地是在長形通道內側有住宅的旗竿形。

由於通路兼做停車場用，所以住宅周邊已無多餘的空地可做庭院。因此，藉由搭建輕量鐵架屋之際，在屋頂建造陽台。

以「烤肉和園藝用庭院」為主題，委託知名屋頂庭園業者東邦雷歐進行設計、施工。

庭院寬度是45㎡，在正中央設置使用南美紫薇之高級甲板材的甲板，周圍是草坪和矮種樹木的植栽場所。

喜歡烤肉的楠先生在甲板上設置可燃材取暖、可烤肉以及可薰製料理的墨西哥式火爐（西班牙製）。

烤肉專用桌。使用2×4的木板做腳和頂板，中央嵌入烤香魚專用的火爐。

設置流理台和收納櫃兼用的作業台，方便庭院派對使用。因作業台上是使用電熱盤，故也設置戶外用插座。

同時顧及方便當作廚房使用，也設置流理台和收納櫃。並裝置搭遮陽篷的藤架來緩和日照。

而且，楠先生還特製手工桌子，並把「過去多次嘗試中發現最能烤出美味烤肉的烤香魚專用爐」組合在桌子的正中央。

楠先生每個月會邀請父母和親友來這裡舉辦1～2次的派對，邊享受好吃的料理邊欣賞新宿副都會的美麗夜景。

outdoor living on the veranda,balcony and roof

有自立型水龍頭的水槽，楠先生說：「在舉辦派對時，可以蓄水放入冰塊來冷卻啤酒，非常方便」。

DATA

頂樓的樓台庭院面積／45m²
設計、施工／東邦雷歐
竣工／2004年

頂樓的樓台庭院●愛知縣 下谷典子女士的庭院

在車庫頂上設置有裝飾牆和大餐桌的露台庭院

outdoor living on the veranda,balcony and roof

用磚塊橫向疊高的簡單立水栓。和鐵皮噴水壺盆栽的巧妙搭配，充滿自然風。

象徵大家團聚場所的庭園桌。週末，家人會在此聚會，共享烤肉樂趣。

下谷女士家的用地比馬路高出約3m。為了方便車輛進出，挖土降低高度，建造可停放2部車大小的鋼筋混凝土車庫。頂上鋪磁磚做成露台，當作擺放花草盆栽的場所，也十分喜歡。

但是，盆栽數量越來越多，澆花、摘花蒂等工作也越來越麻煩，導致想維持美觀變得困難。

最後下定決心，改為設置管理上較不辛苦的適當大小花壇。並委託美芳苑的服部久博先生設計「花草少一點，但一定要美觀的露台」的工程。

由於改建時，會因拆除和處理廢棄物而產生龐大的格外費用，所以服部先生不拆除過去的磁磚，直接在上面鋪設古董風的大理石，在有高低差的地板上添加圓形的馬賽克圖案，結果氣氛煥然一新，下谷先生相當滿意。

露台的中央設置由服部先生設計，充滿存在感的石製桌子。腳用磚砌，頂板用一片粉紅色的花岡岩，完成長1m70cm、寬1m、高75cm的大桌子。

同時也建造襯托露台的裝飾牆。裝飾牆上又組合拱門、花槽和迷你花壇。

下谷女士也在此裝飾自己喜歡的合植盆栽，並在花壇上栽種太陽花、柳穿魚等增添美麗色彩。

組合花槽、立水栓以及可愛馬賽克圖案的裝飾牆。前面是迷你花壇，為了節省澆水時間，安裝自動灑水裝置。

建造高台當然就不用擔心來自周圍的窺視，但為了營造舒適的氣氛，使用較低矮的柵欄圍住，柵欄前並設置花崗石的長凳。

從露台眺望的草坪庭院。這是由斑葉梣木、六月莓、花瑞木、齊墩果、四照花所構成的雜木林。

設在雜木林前面的是墨西哥製的大型噴泉。暢快的噴水聲音響徹庭院。

DATA

用地面積／660m²
庭院面積／260m²（露台面積56m²）
庭院位置／前院。
設計、施工／美芳苑
竣工／2003年

不失敗！懶人園藝法

「偷懶」不是罪過，懶人園丁風氣正夯！景觀造景達人教你，活用創意與巧思，輕鬆克服園藝的種種辛苦！『原來只要這樣做？！』無論任何人，都可以快速掌握的超簡單栽種法！

本書也希望這樣的創意不單只是偷懶而已，而是能同時實現自然環保、資源回收等概念，希望各位都能來實際進行看看。

15×21cm　208頁
彩色　定價320元

親手打造自然風綠庭園

打造與自然共生的雜木庭院，不必住山區，也可以享受山野溫柔的綠意。

與自然共生的雜木庭院DIY，收錄，156種樹木‧花草的栽培要點！

本書收錄10戶以雜木與草花為主的造景實例，介紹156種富山野趣味的草木照護與培植方式，而造景所需了解的基本工法，亦搭配詳細施工實景圖解說步驟。

18×26cm　192頁
彩色　定價350元

12個月の組合盆栽計畫

即使家中沒有庭院或是空間有限，透過由各種不同植物組合而成的「組合盆栽」，您也可以從當季的花草樹木中，選擇自己喜歡的植物開始著手栽種。

即使您是園藝新手也能輕鬆的享受自己動手組合盆栽的樂趣，打造歐洲花園式夢幻居家環境。

19×25cm　176頁
彩色　定價320元

活用微空間，庭台變身夢想花園

在決定花花草草的採買種類之前，記得先了解陽台、露台或頂樓空間的日照方向以及環境；判斷基礎的座向之後必須考慮日照時間以及強度，接著也應該考慮風向問題，最後再針對以上的判斷選定花草，掌握以上的幾點原則，你也能隨心所欲地打造都市叢林裡的小小花園。

19×25cm　160頁
彩色　定價350元

庭園花木修剪對了就會長得旺！

本書從修剪庭園花木的基本工具開始進行解說，並搭配圖片介紹不良枝種類、定義、形成原因、不良影響及修剪方式，就算是初學者也可以瞭解。書中一共介紹80種常見庭園樹木的栽種方法。內容分為落葉樹、常綠樹、針葉樹、果樹四大類。搭配圖說詳細解釋每種樹木的修剪方式，並且附錄植物的生長時間表，讓修剪的時機一目了然。

18×26cm　192頁
彩色　定價350元

盆栽種菜計畫書鮮嫩蔬果安心吃！

本書依照各種需求，規劃出不同的種菜計畫表。菜園規模大小、連作障礙……等問題，均已經替您貼心設想好。事先訂定種菜計畫表，不但栽種更順利，而且一年到頭都可以享受當季的鮮甜滋味。

不論在陽台，或是在屋頂，只要花點心思好好呵護，相信你的蔬果們必定以頭好壯壯的姿態，回報您的細心照料。

18×26cm　192頁
彩色　定價350元

花木修剪超圖解最簡單！

想要進行修剪的理由很多，但真的想要動手時又有很多顧慮。

本書乃專為園藝新手設計的剪枝書籍，書中針對初次剪枝的人可能會遇到的問題作彙整，再由園藝老師傅─玉崎先生詳細解答。從修剪的基本知識，到各種常見庭園木本植物的各別介紹，都有詳細的解說。

18×24cm　160頁
彩色　定價320元

訂定種菜計畫書一年到頭都豐收

除了菜園的事前規劃之外，本書也以淺顯易懂的方式詳細解說種菜的知識和方法。不但從最開始的整地、定植、施肥等一貫作業的基本程序逐步作說明。內容還收錄了果菜、根菜、葉菜、香菜等四大類，一共45種家常蔬果，將栽培方法及採收注意事項，以圖片或照片一一詳細解說。

18×26cm　192頁
彩色　定價350元

TITLE

親手打造 庭園露臺&木棧平臺

STAFF

出版　瑞昇文化事業股份有限公司
編集　耕作舍
譯者　楊鴻儒

總編輯　郭湘齡
文字編輯　王瓊苹　林修敏　黃雅琳
美術編輯　李宜靜
排版　二次方數位設計
製版　明宏彩色照相製版股份有限公司
印刷　桂林彩色印刷股份有限公司
法律顧問　經兆國際法律事務所　黃沛聲律師

戶名　瑞昇文化事業股份有限公司
劃撥帳號　19598343
地址　新北市中和區景平路464巷2弄1-4號
電話　(02)2945-3191
傳真　(02)2945-3190
網址　www.rising-books.com.tw
Mail　resing@ms34.hinet.net

本版日期　2013年11月
定價　380元

國家圖書館出版品預行編目資料

親手打造庭園露台&木棧平臺：庭園佈置設計實例36 ／
耕作舍編集；楊鴻儒譯.
-- 初版. -- 台北縣中和市：瑞昇文化，2008.03
144面；21×26公分

ISBN 978-957-526-746-9 (平裝)

1.庭園設計　2.造園設計

435.72　97004908

初學者的庭園大圖鑑

本書介紹了228種容易生長的花卉圖鑑，為了讓您能從基礎開始學習，特別收納了讓您能得心應手的園藝基礎課程，從用具、工作行事曆、播種、施肥、病蟲害預防、園藝術語介紹，讓您一學就上手！從現在就開始享受培育花卉、建造庭園的樂趣吧！

19×26cm　160頁　彩色　定價350元

初學者的家庭菜園70種

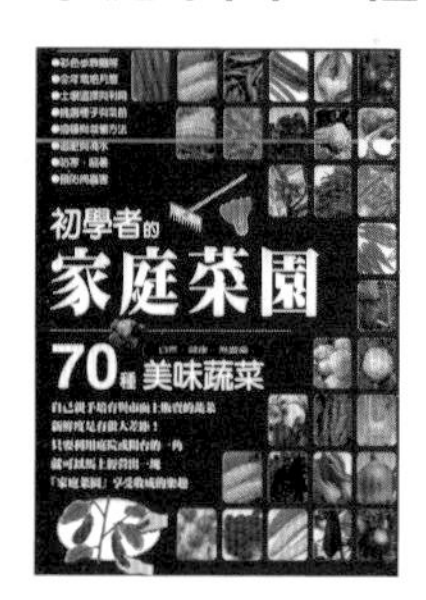

親手培育與市面上販賣的蔬菜，新鮮度是有很大差距的！只要利用庭院或陽台一角，就可以馬上經營出一塊家庭菜園享受收成的樂趣！如果能充滿愛心地加以栽培蔬菜，則可兼得培育的喜悅和品嘗美味蔬菜的樂趣。

本書收錄了70種美味蔬菜以及各項種植時所需的注意事項，讓您輕鬆享受田園生活！

19×26cm　128頁　彩色　定價300元

初學者的家庭果樹

突破空間的限制，不管是陽台或庭園都能享受果實收成的樂趣！本書精選了46種果樹的栽培入門，內容包括：施肥方法、病蟲害預防、苗木選擇法、成功結果的技巧、46種果樹的作業月曆、調製用土和栽植、基本的整枝與剪定技術、果樹栽培的基礎知識等等，即使初次栽培的新手也能輕鬆享受採收的樂趣！

19×26cm　144頁　彩色　定價320元

第一次種菜就豐收

本書以淺顯易懂的方式說明種菜的知識和方法。書中不但從最開始的整地、定植、施肥等一貫作業的基本程序作解說，更選擇了近70種的蔬菜，將栽培方法及採收方式，以圖片或照片一一詳細說明，是一本專屬於初次種菜者的入門專書。

在親近土地的同時，親手栽種蔬菜。由自己整地、播種、栽培，收成的滋味一定特別鮮美！

19×26cm　192頁　彩色　定價350元

小容器+種子 天天嫩鮮蔬

嫩葉、調味香草、嫩芽芽菜、豆芽、水耕蔬菜等，你想像得到的香草蔬菜，都可在小小的容器中完成，栽種時簡單方便，食用時安全營養，開心的都會農夫就是你！

20×21cm　144頁　彩色　定價300元

庭院花木 整枝與剪定

本書收納了129種身邊常見花木，松柏、蔓性植物、家庭果樹、樹籬的栽培剪定法，內容包含了樹形、修剪強度、時期、花芽存留法、用具等整枝剪定知識，以及樹木的姿態、形狀、觀賞方式等修剪知識等等，內容豐富，且均以全彩方式呈現，讓您一目了然，是您學習整枝剪定不可或缺的工具書！

19×26cm　192頁　彩色　定價350元

有機無農藥！從零開始種菜樂

詳細的圖示與解說－不論是整地、施肥或收穫，每個過程都以詳細的圖片進行步驟解說，即使初學者也能輕易的上手。

輕鬆的整地與施肥－擺脫傳統農業的刻板印象，只要掌握好關鍵堆肥，接下來就等著作物健康的成長、開心的收穫吧！

21×26cm　96頁　彩色　定價300元